LEARNING

叶瑞财超级记忆力

叶瑞财　编著

陕西出版传媒集团
陕西人民出版社

叶瑞财超级记忆力 / 叶瑞财编著. —西安：陕西人民出版社，2014
ISBN 978-7-224-11234-4

Ⅰ. ①叶… Ⅱ. ①叶… Ⅲ. ①记忆术 Ⅳ. ①B842.3

中国版本图书馆CIP数据核字(2014)第171962号

叶瑞财超级记忆力

编 著 者　叶瑞财
出版发行　陕西出版传媒集团　陕西人民出版社
　　　　　（西安北大街147号　邮编：710003）

印　　刷　西安明瑞印务有限公司
开　　本　880mm × 1230mm　32开　7.375印张　2插页
字　　数　300千字
版　　次　2014年8月第1版　2014年8月第1次印刷
书　　号　ISBN 978-7-224-11234-4
定　　价　49.80元

目录

记忆技巧概述

记忆技巧与教育

对某些教育家而言，记忆是“低层次”的脑力活动。他们认为教育的目的应该是“高层次”的脑力活动，例如创造能力、推理能力、问题解决能力等。他们误解了记忆能力，他们认为记忆就是死记硬背，食而不化。

良好的记忆能力虽然不能代替系统地学习，但却能帮助和促进学习。对记忆技巧的学习也绝不是教导学生死记硬背或食而不化。它是科学家和心理学家根据对记忆规律的研究发展出来的科学的记忆方法，便于学生去识记、储存和记忆知识，使学习变得更轻松有效。

记忆在教育所扮演的五个角色

一、识记材料

在学校的教学中，有很多材料是要求学生记忆的，例如外语词汇、医学名词、法律条文、古文、历史、地理、词义、方程式等。学生如果没有学习过记忆技巧，不知道记忆的规律，他们只

会采用一读再读的机械重复方法。不但记忆效果差，而且容易忘记。记忆技巧能帮助学生减轻记忆方面的压力，使每一段学习过程都能够得到更大的收获。

美国教育局的《什么能起作用》报告指出：“记忆技巧能帮助学生记得更快和获取更多资讯，同时能够保持得更久。”日本教育家中根采用记忆技巧教导学生拼写、文法等，效果显著。

二、酝酿期

有些材料在学习时并不十分理解，如果把这些材料记牢，到了适当时期，再次遇到这些相似的材料时，会豁然开朗。

三、“高层次”脑力活动的基础

“高层次”脑力活动并不能代替记忆，而是额外的一些脑功能。记牢的材料是“高层次”脑力活动的基础。当我们在做“高层次”脑力活动如创造、推理时，我们是从记忆库里提取所需的材料。没有这些储存在记忆库里的资料，以上的“高层次”脑力活动就不可能进行。记忆库里储存的资料越多，越有系统，提取就越容易。

记忆技巧把资料编码、分类、有系统地储存，使提取更快速和准确。

四、考 试

学校或政府考试已经不再纯粹地考学生能记得多少，现代的考试更注重在学生的思考、推理、分析能力上。无论考试的目标是什么，良好的记忆能力仍然是必须的。

学生们都知道，考试成绩的好坏有赖于他们对课本的理解程度和记忆量的多少。有关记忆和理解在考试时的重要性，美国的肯尼希比博士曾经做过调查报告：有76%的大学新生和96%的高中生认为在中学考试，良好记忆力和高层次思考如推理、分析、理解等一样重要。其实，学习成绩不理想的其中一个主要原因就是记忆力不好。学生们都有这样的经验，已经理解的功课往往在考试时因回忆不起来或回忆不全而失分。

可以参阅课本或笔记的开放式考试往往给学生一种不安全感。因为考试时太多的参阅课本和笔记会使你没有足够的时间回答问题。熟记考试资料使你作答的思路更加流畅，而且能够牢记一些课本以外的资料，也会使你获得额外的分数。

五、大脑右半球技能发展

储存在大脑的资讯可以分成语言资讯和形象资讯。科学研究证明大脑右半球的形象记忆功能优于左半球的语言记忆功能。这是由于形象具有直观性、整体性，因此比语言资讯容易记忆和理解。

记忆技巧主要就是运用形象来进行记忆和思考，在学习活动中利用形象记忆和思考，不但能提高学习和记忆效果，还能促进大脑右半球机能发展。

记忆技巧的来源

一些书籍常常记载一些关于有超强记忆力的人和事。例如《三国演义》所描述的张松，他把曹操的《孟德新书》看了一遍，就能从头至尾朗诵一遍。又如《汉书·张安世传》记载西汉的丞相张安世把皇帝遗失的三匣子书默写出来。各种文献典籍作品中所描述的有超强记忆者，真是不胜枚举。可惜的是，书籍上没有记载这些有超强记忆力的人，他们是如何拥有超强记忆力的。他们的超强记忆力是天生的呢，还是他们在记忆时运用了一些不为人知的记忆技巧?

公元前约500年，希腊人已懂得运用地点法记忆诗歌、经文等。这古老的记忆方法一直被沿用至今，而且是公认最为有效的记忆方法之一。

公元前约100年，罗马人也运用类似地点法的记忆方法记忆讲词、经文等。这种方法现今被称为罗马房间法。大约在同一时期，希腊人米乌罗度路斯发明了用星座来帮助记忆的方法。他把

12星座分成36个部分，每个部分都有一定的影像作为靠挂物，他用这种方法轻易地记住了别人说话的内容。

16世纪的意大利人杰罗佳米路发明了一种“记忆剧院”的记忆方法，他利用此方法教导学生记忆天文学的资料。

1648年，德国人史登利希劳斯发明了以文字代替数字的记忆方法。1813年，柯利哥改进了这种方法，用以教导学生记忆药典的资料。

到了19世纪，德国心理学家荷曼·艾宾浩斯开始以实验的方法研究记忆。他提出了3个有关记忆的基本问题：

1.人类的记忆量可以储存多少。

2.记忆需要多少时间。

3.记住了的资料能保持多久。

他写了一本讨论记忆的书。以后，研究记忆的科学家越来越多。人类对记忆规律，记忆方法的认识，也越来越丰富和深刻。

现代科学家对儿童、青年、成人及老年人有关记忆的研究发表了大量的学术研究报告。从20世纪70年代中期到80年代中期，单单关于老年人的研究而出版的报告，从一年大约500篇增加到一年超过1000篇。其中有2／3是有关记忆的研究。

1989年7月25日，美国国会赞成由1990年1月1日至1999年12月

31日，把这10年命名为“脑的10年”，并要求和授权美国总统呼吁美国人民举办合适的活动来宣传、关注、评论这10年。为了配合“脑的10年”，英国人创办了世界记忆协会，并在1991年举办了第一届世界记忆比赛。其宗旨之一就是要提升和推广记忆技巧。

1997年，世界奥林匹克思维运动会也成功地在英国举办了第一届比赛，记忆技巧比赛便是其中一个重要的部分。1999年第三届奥林匹克思维运动会吸引了接近5000位来自世界各国的人士参加，并邀请记忆专家现场指导记忆技巧。

这些世界性的比赛和活动，使记忆技巧不断提升。以前被认为不可能达到的记忆极限，都被一一突破。同时，记忆技巧的学习得到推广，莘莘学子的学习变得更有效。

记忆技巧与学习原理

一、材料的意义

1.学习。

2.对学习者越有意义的材料，越容易学习。

3.记忆技巧。

记忆技巧运用模式、替代、韵律、联想等方法，使一些没有“内在意义”的材料变得有意义，使学习、记忆、储存和回忆更容易。

二、材料的组织

1.学习。

好的学习者能把材料分类和重组。

2.记忆技巧。

记忆技巧扮演了类似图书馆的角色，把学习材料进行整理、归类、存放，以便有需要时随时提取。例如“代码法”、“地点法”等。

三、材料的联系

1.学习。

把新学的材料和旧的知识联系起来，以促进学习。

2.记忆技巧。

联系是记忆技巧中的一个主要原则，把新的材料挂靠在已经熟记的材料上。

四、视觉分析器

1.学习。

把要学习的材料变成影像呈现在脑海里，是有效的学习方法。研究证明越多地应用感官分析器参与学习，学习就越有效。

2.记忆技巧。

影像在记忆技巧的运用里是不可少的。影像把要学习的材料

加工，并进一步加深对学习材料的印象。

五、集中精神

1.学习。

没有注意力就不能更有效地学习，因为精神不集中，就不能把材料联系、组织起来。

2.记忆技巧。

记忆技巧运用影像、故事和联想方法，使学习者很自然地集中精神去学习。头脑有了材料的影像，左右脑同时运行，就不会走神或发白日梦。

记忆的规律

一、记忆的阶段

（一）瞬间记忆

1.瞬间记忆也称为感觉记忆，是外部刺激被传送到了感觉记忆体。

2.记忆保持时间只有0.25~2秒。

3. 瞬间记忆使我们能够做一些连续性的活动，如驾车、走路等。

4.瞬间记忆是短期记忆准备行动的前奏。严格地说，瞬间记忆还是没有形成记忆痕迹。如果注意到瞬间记忆阶段的外部刺激，就能开动短期记忆。

（二）短期记忆

1.短期记忆储存资讯的时间认定没有达成共识。有些人认为不超过1分钟，另一些人认为5秒到数个月都可称为短期记忆。

2.记忆痕迹有随着时间的消逝而自动消退的特征。在这个阶段也很容易受到其他资讯干扰。

3.短期记忆的一次储存量大约是5~9个资讯。例如7个数字很容易就被记住，如果是要记20个数字，我们便会很主动地把它分成更小的记忆块来促进记忆。

4.通过复习，一点一滴储存在短期记忆的资讯会转入长期记忆。

（三）长期记忆

1.长期记忆的容量是惊人的，而且似乎是无限的。

2.有些心理学家建议超过三个月的记忆储存称为超长期记忆，而三个月以下的记忆储存才称为长期记忆。

3.在短期记忆阶段的资讯，如果没有复习，便不会转入长期记忆。除非在获得资讯时，感觉器官受到很强烈的刺激，例如亲眼看见一架飞机在面前爆炸。

二、记忆的步骤

（一）获取资讯

1.获取资讯是的过程，也是记忆的开端环节。

2.可分成有意识记或无意识记两种。

（1）有意识记是有预定目的，自觉地运用方法的识记任务。

（2）无意识记是无预定目的，也没有采用记忆方法，随意和偶然地留下痕迹。

（二）保持资讯

1.保持资讯是指资讯的储存，是记忆的中心环节。

2.保持资讯是记忆痕迹的巩固过程。

3.在记忆痕迹的巩固过程中，识记材料很容易受到其他资讯干扰。

4.复习是巩固记忆痕迹最好的方法。

（三）提取资讯

提取资讯可分为再认和回忆两种。

（1）再认是对曾经感知过的材料进行再次接触而能认得出来，所要提取的对象能呈现在主体面前，例如对某人的脸孔觉得熟悉。

（2）回忆是曾经感知过的材料不出现而在头脑重现的过程，例如回忆某人的名字。

三、记忆的种类

（一）听觉型识记者

1.较喜欢阅读时不发出声音，但嘴唇会动。

2.较易记住声调、音律。

3.对讨论过的材料记得比较好。

4.较易受到杂音的影响。

（二）视觉型识记者

1.阅读速度较快。

2.对看过的材料比听过的材料记得好。

3.较不易受杂音的干扰。

（三）动作型识记者

1.动作记忆比其他的感官记忆保持得更长久，例如骑自行车、游泳等。

2.舞蹈员、琴师等，都是动作型识记者。

3.多种感知器官协同活动，可使识记材料在头脑建立更多联系，从而大大提高记忆效果。

记忆技巧与记忆规律

一、瞬间记忆

记忆运用影像技巧，使学习者专注于学习的材料。

二、短期记忆

运用记忆技巧使储存资讯的时间加长，使资讯更容易转入长期记忆。同时，也减少复习次数。

三、长期记忆

通过运用已记牢的材料与新的识记材料挂钩的记忆技巧，达到长期记忆的效果。

四、获取资讯

记忆技巧是有意识地运用影像和故事，自觉地采用方法去获取资讯。

五、保持资讯

记忆技巧利用影像记忆大大优于文字记忆的原理，使识记材料的记忆痕迹更深刻、更牢固。

六、提取资讯

记忆技巧运用头脑的“档案抽屉”，把识记材料分类存档，故能更快速和准确地提取资讯。

七、记忆技巧

记忆技巧运用影像、颜色、声音和动作来创作故事，使头脑建立更多的通道和联系，大大提高记忆效果。

遗忘的规律

一、消失理论

1.德国心理学家荷曼·艾宾浩斯首先发现遗忘规律。

2.他用无意义音节作材料，以测试遗忘的速度，例如wux、caz、bij等。

3.时间流逝，使记忆痕迹消失而产生遗忘。

4.遗忘的进程有先快后慢的特点。

5.遗忘进程不均衡的特点受材料性质、数量、识记方法的影响，但先快后慢的特点不变。

6.以下是艾宾浩斯的遗忘进程实验结果（见下表）。

间隔时间（小时）	遗忘百分比（%）
0.33	42
1	56
9	64
24	66
24×2	72
24×6	75
24×30	79

二、干扰理论

1.干扰理论是指新旧资讯互相干扰而产生的遗忘。

2.干扰理论分为两种：

（1）前摄抑制——前学习的内容干扰后学习的内容。

（2）倒摄抑制——后学习的内容干扰前学习的内容。

3.倒摄抑制现象首先由米勒和皮尔杰克发现。

4.以前学习过的材料会干扰现在学习的材料（前摄抑制）。

5.以后将要学习的材料会干扰现在学习的材料（后摄抑制）。

三、变形理论

1. 变形理论由格式塔心理学家提出。

2. 变形理论是指已记住的资讯产生变化而影响原来的影像所产生的遗忘。

四、动机和情绪理论

1.本体的动机和情绪会影响将要识记的材料。

2.人会下意识地想忘记或抑制回忆不愉快的事物，精神分析家称为动机性遗忘。

五、回忆线索理论

1.回忆线索理论强调遗忘的产生是因为提取失败。

2.记忆痕迹并没有消退或受到干扰，而是还储存在记忆库里。

3.提取资讯失败是由于没有找到合适的线索，也就是说没有开启记忆库的钥匙。

没有单一理论可以完整地解释遗忘的原因。遗忘也许综合以上的各种因素。

记忆技巧与遗忘规律

一、消失理论

记忆技巧能使资讯得到更高层次的加工，减低遗忘的速度。

二、干扰理论

记忆技巧能用明显、清晰、独特的影像，使识记了的资讯能被牢固记忆减少干扰的发生。

三、变形理论

记忆技巧能对资讯进行加工、编码，并运用多种分析器记忆，使记忆痕迹更加巩固。

四、动机和情绪理论

运用记忆技巧时，是有意识的识记，而且所作的故事生动有趣，使学习者乐于回忆。记忆技巧的影像法能使学习者身心愉快并树立信心，增强学习和记忆效果。

五、回忆线索理论

记忆技巧里的串联法、代码法、地点法等，就是开启记忆库的钥匙和回忆大门的线索。

单元一

影 像

以感知器官来分类，记忆的类型主要包括视觉记忆、听觉记忆和动作记忆。有些人的视觉记忆比较强，有些人的听觉记忆或动作记忆比较好。也有些人是混合型的，也就是指两种以上的感知器官在记忆过程中同时起主导作用的记忆类型。

人类被称为“视觉动物”，因为我们的大脑接近一半的部分，都是负责处理视觉讯息的。因此，我们大部分人对影像的记忆最深刻。

三个作故事的方法

良好的记忆有赖于概念和影像联系。我们记忆故事的能力大大优于一连串不相关的事物。所以，将所要记的事物编成一个故事，同时脑海“看”到故事的情节，将更容易记牢要记的事物。

一、奇像联想法

1. “看”到事物的影像。

2. 编一个荒谬、夸张、可笑的故事把所要记的事物联系起

来。

3. 可以把事物的体积放大。

4. 加上动作将使我们更容易记牢。

5. 可以加入视觉、听觉、动作联想记忆等方法。

二、 似乎合理联系想法

当你作奇像联想有困难时，也可用合理的联想，重要的是要“看”到故事的影像。

三、自己做主角法

将自己当成主角在做一件事情，将要记的事物与自己所做的事联系起来联想记忆。

练　习

风筝 —— 大象

铅笔 —— 电话

苹果 —— 汽车

老虎 —— 椅子

砖头 —— 牛奶

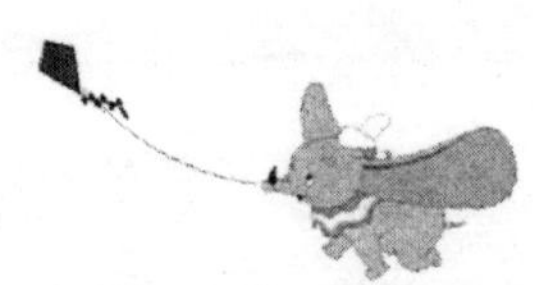

串联法

串联法就是将要记的事物一环扣一环地串联起来。运用串联法时要注意事物的顺序，同时脑海也要“看”到故事的情节。

一、直接串联法

二、故事串联法

三、混合串联法

练习一

泥土 — 乌鸦 — 草地 — 甲虫 — 剪刀 —

书本 — 电影 — 苹果 — 苍蝇 — 小偷 —

骆驼 — 房子 — 手套 — 气球 — 花猫 —

骨头 — 戒指 — 萝卜 — 仙人掌 — 玫瑰花

练习二

假山 — 猴子 — 耳环 — 直升机 — 树根 —

饭锅 — 小桥 — 皇后 — 指甲 — 蜻蜓 —

花生 — 法庭 — 天使 — 狼狗 — 羽毛 —

马车 — 可乐 — 闪电 — 毛毛虫 — 将军

练习三

斑马 — 外星人 — 粉笔 — 坦克 — 大象 —

雪人 — 手袋 — 蜘蛛 — 药丸 — 教室 —

蜜蜂 — 书包 — 扇子 — 企鹅 — 足球 —

圣诞树 — 犀牛 — 砖头 — 月亮 — 手机

练习四

贺敬之的作品:

- 《白毛女》
- 《中国的十月》
- 《回延安》
- 《西去列车的窗口》
- 《放声歌唱》
- 《雷锋之歌》
- 《八一之歌》

练习五

老舍的作品：

- 《二马》
- 《一块猪肝》
- 《猫城记》
- 《小坡的生日》
- 《骆驼祥子》
- 《赶集》
- 《火车》
- 《离婚》
- 《老字号》
- 《茶馆》
- 《正红旗下》
- 《四世同堂》

练习六

鲁迅的作品:

- 《彷徨》
- 《且介亭杂文》
- 《呐喊》
- 《故事新编》
- 《坟》
- 《野草》
- 《朝花夕拾》

练习七

1 衅 xìn
2 鑫 xīn
3 焱 yàn
4 淼 miǎo
5 垚 yáo
6 杳 yǎo
7 缉 jī
8 茧 jiǎn
9 悫 què
10 驮 tuó
11 蹲 dūn
12 憝 duì
13 柽 chēng
14 藠 jiào
15 羰 tāng

单元二

代码法

用代码法记忆不断重复的数据，例如：数字、符号、英文字母、方程式等。

数字代码

数字代码是以实物代替数字，因为实物比数字更容易产生影像。必须记牢01~99的数字代码。

1~20的数字代码

1	衣	11	雨衣
2	鹅	12	鱼儿
3	山	13	雨伞
4	尸	14	鱼市
5	舞	15	鹦鹉
6	牛	16	衣纽
7	漆	17	玉器
8	耙	18	一巴
9	酒	19	一脚
10	石	20	恶灵

数字代码练习(01~20)

1	口红	6	帽子	11	小提琴	16	黑板
2	尼姑	7	地球	12	医院	17	金字塔
3	宝剑	8	星星	13	算盘	18	休息
4	报纸	9	老鼠	14	水晶	19	手电筒
5	树叶	10	汉堡包	15	咖啡	20	电线

21~40的数字代码

21	鳄鱼	31	鲨鱼
22	鹅儿	32	沙鸥
23	和尚	33	闪闪
24	恶狮	34	沙子
25	二胡	35	珊瑚
26	二楼	36	山路
27	耳机	37	山鸡
28	恶霸	38	妇女
29	二舅	39	三角
30	山林	40	司令

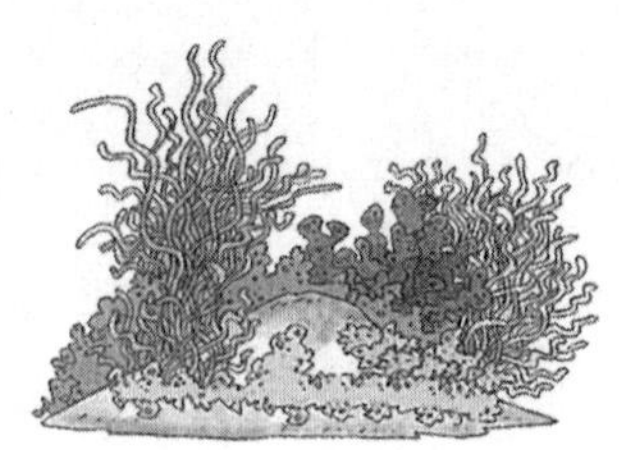

数字代码练习(21~40)

21	长城	26	胶水	31	蚊帐	36	法庭
22	玻璃	27	电棒	32	螃蟹	37	饼干
23	毛毛虫	28	皮鞋	33	讲台	38	汽车
24	篱笆	29	纸张	34	交通灯	39	大旗
25	照片	30	手表	35	稻田	40	哈巴狗

如何记熟数字代码

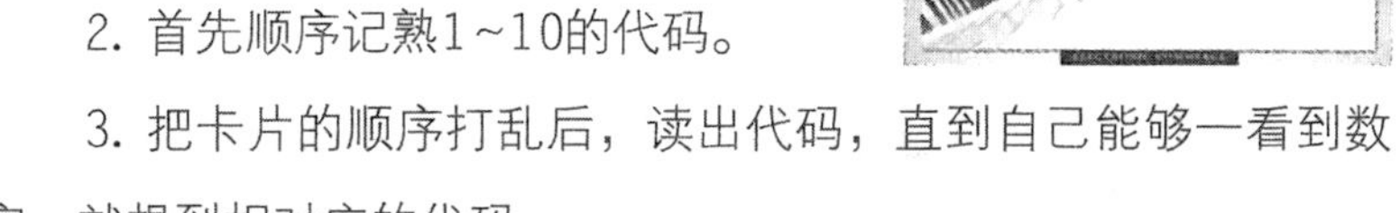

1. 数字写在卡片的左上角。

2. 首先顺序记熟1~10的代码。

3. 把卡片的顺序打乱后，读出代码，直到自己能够一看到数字，就想到相对应的代码。

4. 重复以上的步骤记熟11~20的代码，直到记完100个代码。

复习01~40的数字代码

41~60的数字代码

41	石椅	51	舞衣
42	死鹅	52	虎儿
43	石山	53	火山
44	石狮	54	武士
45	食物	55	五虎
46	死牛	56	蜗牛
47	司机	57	武器
48	丝帕	58	尾巴
49	死囚	59	五角
50	武林	60	榴莲

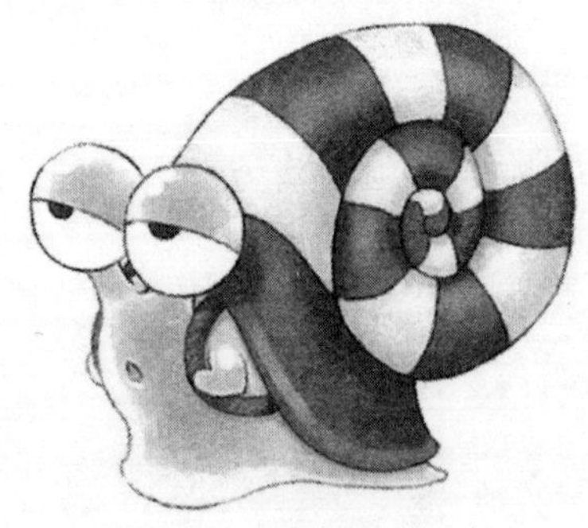

记熟41~60的代码后，试记忆以下句子

41 容易被破坏
46 洞里睡着了
51 飞快地向前跑
56 操场上奔跑
42 架起彩虹桥
47 发来的电报
52 飘浮在空中
57 吞吞吐吐
43 额外的收获
48 干活不说话
53 自然博物馆
58 缩着身子
44 顿时大发雷霆
49 健康的身体
54 看不到自己
59 做得很认真
45 亮起了火把
50 把屋子装满
55 失去了重量
60 轻轻叹息

61~70的数字代码

61 纽约
62 牛耳
63 硫酸
64 牛屎
65 绿屋
66 溜溜
67 楼梯
68 牛排
69 牛角
70 麒麟

记熟61~70的代码后，试记忆以下句子

61 一条小河
62 连根拔起
63 沾满了灰尘
64 怒吼的黄河
65 士气旺盛
66 惊慌失措
67 粉身碎骨
68 每个五分钱
69 甜美的歌声
70 忍住哭

71~80的数字代码

71 鲸鱼
72 企鹅
73 纸扇
74 骑士
75 骑虎
76 骑牛
77 机器
78 旗袍
79 气球
80 巴黎

记熟71~80的代码后，试记忆以下句子

71 眼圈红红地看着我

72 脾气很暴躁

73 坐在我身边

74 再也没回来

75 老师嗓子嘶哑了

76 亲密交谈

77 天下第一关

78 蓝天白云

79 爱我中华

80 非常害怕

复习01~80的数字代码

81~90的数字代码

81	白蚁	86	白鹭
82	拔河	87	白旗
83	爬山	88	爸爸
84	巴士	89	排球
85	白虎	90	旧铃

记熟81~90的代码后，试记忆以下句子

81	迷路的国王	86	感到很吃惊
82	富有的农夫	87	听见炮声
83	马车冲过来	88	整整齐齐
84	火炉暖烘烘	89	傍晚的时候
85	美丽的圣诞树	90	把手掌都拍麻了

91~00的数字代码

91	球衣	96	酒楼
92	球儿	97	酒席
93	球赛	98	酒吧
94	酒师	99	舅舅
95	酒壶	00	眼镜

记熟91~00的代码后，试记忆以下句子

91	长城内外	96	黑色圆环
92	大江南北	97	大家平静下来
93	紧张了一星期	98	正视着他的眼睛
94	一定能	99	世界最佳设计
95	仔细看了看	00	赵王不服气

数字代码法

1	衣	21	鳄鱼	41	石椅	61	纽约	81	白蚁
2	鹅	22	鹅儿	42	死鹅	62	牛耳	82	拔河
3	山	23	和尚	43	石山	63	硫酸	83	爬山
4	尸	24	恶狮	44	石狮	64	牛屎	84	巴士
5	舞	25	二胡	45	食物	65	绿屋	85	白虎
6	牛	26	二楼	46	死牛	66	溜溜	86	白鹭
7	漆	27	耳机	47	司机	67	楼梯	87	白旗
8	耙	28	恶霸	48	丝帕	68	牛排	88	爸爸
9	酒	29	二舅	49	死囚	69	牛角	89	排球
10	石	30	山林	50	武林	70	麒麟	90	旧铃
11	雨衣	31	鲨鱼	51	舞衣	71	鲸鱼	91	球衣
12	鱼儿	32	沙鸥	52	虎儿	72	企鹅	92	球儿
13	雨伞	33	闪闪	53	火山	73	纸扇	93	球赛
14	鱼市	34	沙子	54	武士	74	骑士	94	酒师
15	鹦鹉	35	珊瑚	55	五虎	75	骑虎	95	酒壶
16	衣纽	36	山路	56	蜗牛	76	骑牛	96	酒楼
17	玉器	37	山鸡	57	武器	77	机器	97	酒席
18	一巴	38	妇女	58	尾巴	78	旗袍	98	酒吧
19	一脚	39	三角	59	五角	79	气球	99	舅舅
20	恶灵	40	司令	60	榴莲	80	巴黎	00	眼镜

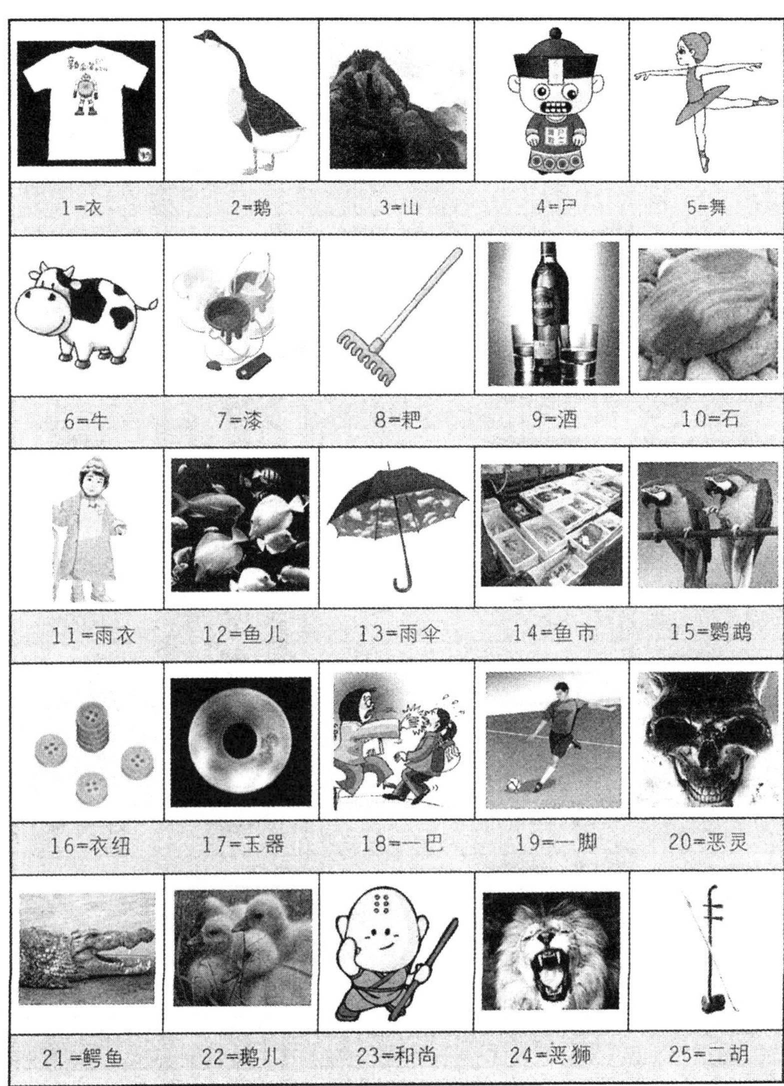
1=衣
2=鹅
3=山
4=尸
5=舞
6=牛
7=漆
8=耙
9=酒
10=石
11=雨衣
12=鱼儿
13=雨伞
14=鱼市
15=鹦鹉
16=衣纽
17=玉器
18=一巴
19=一脚
20=恶灵
21=鳄鱼
22=鹅儿
23=和尚
24=恶狮
25=二胡

 26=二楼	 27=耳机	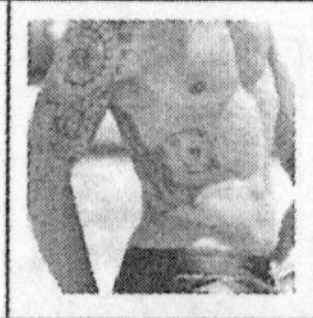 28=恶霸	 29=二舅	 30=山林
 31=鲨鱼	 32=沙鸥	 33=闪闪	 34=沙子	 35=珊瑚
 36=山路	 37=山鸡	 38=妇女	 39=三角	 40=司令
 41=石椅	 42=死鹅	 43=石山	 44=石狮	 45=食物
 46=死牛	 47=司机	 48=丝帕	 49=死囚	 50=武林

51=舞衣	52=虎儿	53=火山	54=武士	55=五虎
56=蜗牛	57=武器	58=尾巴	59=五角	60=榴莲
61=纽约	62=牛耳	63=硫酸	64=牛屎	65=绿屋
66=溜溜	67=楼梯	68=牛排	69=牛角	70=麒麟
71=鲸鱼	72=企鹅	73=纸扇	74=骑士	75=骑虎

76=骑牛
77=机器
78=旗袍
79=气球
80=巴黎
81=白蚁
82=拔河
83=爬山
84=巴士
85=白虎
86=白鹭
87=白旗
爸爸節快樂
HAPPY PAPA DAY
88=爸爸
89=排球
90=旧铃
RONALDO
91=球衣
92=球儿
93=球赛
94=酒师
95=酒壶
96=酒楼
97=酒席
98=酒吧
99=舅舅
00=眼镜

试用代码法和串联法记忆以下句子

1. 一条清澈见底的小溪

2. 终年潺潺地环绕着村庄

3. 溪的两边，种着几棵垂柳

4. 那长长的柔软的柳枝，随风飘动着

5. 婀娜的舞姿

6. 是那么美，那么自然

7. 有两三枝特别长的

8. 垂在水面上

9. 画着粼粼的波纹

10.当水鸟站在它的腰上歌唱时

11.流水也唱和着

12.发出悦耳的声音

试用代码法记忆以下的诗

雪花的快乐

徐志摩

假如我是一朵雪花，

翩翩的在半空里潇洒，

我一定认清我的方向——

飞扬，飞扬，飞扬，——

这地面上有我的方向。

不去那冷寞的幽谷，

不去那凄清的山麓，

也不上荒街去惆怅——

飞扬，飞扬，飞扬，——

你看，我有我的方向！

在半空里娟娟地飞舞，

认明了那清幽的住处，

等着她来花园里探望——

飞扬，飞扬，飞扬，——

啊，她身上有朱砂梅的清香！

那时我凭借我的身轻，

盈盈地，沾住了她的衣襟，

贴近她柔波似的心胸——

消溶，消溶，消溶——

溶入了她柔波似的心胸！

单元三

移花接木法

移花接木法，又称代替法，就是用容易产生影像的字词代替无内在影像的字词，这样你就更容易记牢那些不容易产生影像的字词了。同时也可以锻炼你的想象力和创造力，使你的思维更加活跃。

移花接木时应注意的事项

1.所用的代替字词的发音不需要完全与原字词相同，只要发音接近即可。

2.所用的代替字词应该是容易产生影像的字词。

3.在找代替字词时一定要注意原字词的写法。

谐音法

例：胡先——狐仙

洛杉矶——落山鸡

乌拉圭——我拉龟

史达利——使大力

阿姆斯特丹——阿母食的蛋

关联物法

例：德国—— 奔驰（平治）车

法律——律师

职业——工人

教育——学校

巴黎——巴黎铁塔

意大利——靴子（意大利的地图像一只靴子）

练习一

富勒——第一座钢骨水泥高楼

约飞——电有阴阳

斯泰宾——风力汽车

维萨里——人体解剖学

鲁贝列——天气图

霍兰多——潜水艇

池田菊苗——味精

达比——铁桥

马多克——煤气灯

贝尔——电话

英曼——日光灯

孔铁——铅笔

拜尔德——电视机

练习二 欧盟27国(移花接木法练习，不需记)

01 法国 France

02 德国 Germany

03 意大利 Italy

04 荷兰 Netherlands

05 比利时 Belgium

06 卢森堡 Luxembourg

07 爱尔兰 Ireland

08 英国 The United Kingdom

09 丹麦 Denmark

10 希腊 Greece

11 西班牙 Spain

12 葡萄牙 Portugal

13 芬兰 Finland

14 瑞典 Sweden

15 奥地利 Austria

16 爱沙尼亚 Estonia

17 拉脱维亚 Latvia

18 立陶宛 Lithuania

19 波兰 Poland

20 捷克 The Czech Republic

21 匈牙利 Hungary

22 斯洛伐克 Slovakia

23 斯洛文尼亚 Slovenia

24 马耳他 Malta

25 塞浦路斯 Cyprus

26 罗马尼亚 Romania

27 保加利亚 Bulgaria

练习一　三十六计 (01~15) (代码法+移花接木法练习)

01 瞒天过海
02 围魏救赵
03 借刀杀人
04 以逸待劳
05 趁火打劫
06 声东击西
07 无中生有
08 暗渡陈仓
09 隔岸观火
10 笑里藏刀
11 李代桃僵
12 顺手牵羊
13 打草惊蛇
14 借尸还魂
15 调虎离山

【第一计】瞒天过海 【第二计】围魏救赵 【第三计】借刀杀人
【第四计】以逸待劳 【第五计】趁火打劫 【第六计】声东击西
【第七计】无中生有 【第八计】暗渡陈仓 【第九计】隔岸观火
【第十计】笑里藏刀 【第十一计】李代桃僵 【第十二计】顺手牵羊
【第十三计】打草惊蛇 【第十四计】借尸还魂 【第十五计】调虎离山

三十六計

练习二　记忆三十六计(16~36)

16 欲擒故纵

17 抛砖引玉

18 擒贼擒王

19 釜底抽薪

20 浑水摸鱼

21 金蝉脱壳

22 关门捉贼

23 远交近攻

24 假道伐虢

25 偷梁换柱

26 指桑骂槐

27 假痴不癫

28 上屋抽梯

29 树上开花

30 反客为主

31 美人计

32 空城计

33 反间计

34 苦肉计

35 连环计

36 走为上计

三十六计

01	mán tiān guò hǎi 瞒天过海	13	dǎ cǎo jīng shé 打草惊蛇
02	wéi wèi jiù zhào 围魏救赵	14	jiè shī huán hún 借尸还魂
03	jiè dāo shā rén 借刀杀人	15	diào hǔ lí shān 调虎离山
04	yǐ yì dài láo 以逸待劳	16	yù qín gù zòng 欲擒故纵
05	chèn huǒ dǎ jié 趁火打劫	17	pāo zhuān yǐn yù 抛砖引玉
06	shēng dōng jī xī 声东击西	18	qín zéi qín wáng 擒贼擒王
07	wú zhōng shēng yǒu 无中生有	19	fǔ dǐ chōu xīn 釜底抽薪
08	àn dù chén cāng 暗渡陈仓	20	hún shuǐ mō yú 浑水摸鱼
09	gé àn guān huǒ 隔岸观火	21	jīn chán tuō qiào 金蝉脱壳
10	xiào lǐ cáng dāo 笑里藏刀	22	guān mén zhuō zéi 关门捉贼
11	lǐ dài táo jiāng 李代桃僵	23	yuǎn jiāo jìn gōng 远交近攻
12	shùn shǒu qiān yáng 顺手牵羊	24	jiǎ dào fá guó 假道伐虢

tōu liáng huàn zhù
25 偷梁换柱

zhǐ sāng mà huái
26 指桑骂槐

jiǎ chī bù diān
27 假痴不癫

shàng wū chōu tī
28 上屋抽梯

shù shàng kāi huā
29 树上开花

fǎn kè wéi zhǔ
30 反客为主

měi rén jì
31 美人计

kōng chéng jì
32 空城计

fǎn jiàn jì
33 反间计

kǔ ròu jì
34 苦肉计

lián huán jì
35 连环计

zǒu wéi shàng jì
36 走为上计

十天干

甲、乙、丙、丁、戊、己、庚、辛、壬、癸

十二地支

子、丑、寅、卯、辰、巳、午、未、申、酉、戌、亥

十二生肖

子 — 鼠	午 — 马
丑 — 牛	未 — 羊
寅 — 虎	申 — 猴
卯 — 兔	酉 — 鸡
辰 — 龙	戌 — 狗
巳 — 蛇	亥 — 猪

单元四

地点法

地点法，又称古希腊记忆法，是以一系列地点去记忆事物，是记忆中极其重要的方法之一。古希腊记忆法源远流长，早在公元前500年，罗马演讲家也用类似的方法记忆演讲稿，所以古希腊记忆法也称罗马房间法。可以综合地点法和串联法在同一个地点记忆多样事物。但在初期练习时最好一个地点只记忆一样事物。

地点法的要点

1. 顺序
2. 分组
3. 不要太小或可移动
4. 同一空间不要重复一样的东西
5. 同样角度去记忆和回忆
6. 同时看到（眼睛的余光）
7. 注意第1、5、10的地点
8. 顺背，倒背

教室地点：

1 ________	6 ________	11 ________	16 ________
2 ________	7 ________	12 ________	17 ________
3 ________	8 ________	13 ________	18 ________
4 ________	9 ________	14 ________	19 ________
5 ________	10 ________	15 ________	20 ________

练习一　试以教室的地点记忆以下资料

1 鱼市	11 二楼	21 牛角
2 鹦鹉	12 石山	22 三角
3 球儿	13 妇女	23 球赛
4 绿屋	14 沙鸥	24 骑虎
5 珊瑚	15 气球	25 石
6 排球	16 武林	26 尾巴
7 气球	17 恶霸	27 恶灵
8 沙鸥	18 巴士	28 酒席
9 妇女	19 一脚	29 死囚
10 死牛	20 鲸鱼	30 石狮

家里的地点：

客厅	睡房	厨房	洗手间
1____	1____	1____	1____
2____	2____	2____	2____
3____	3____	3____	3____
4____	4____	4____	4____
5____	5____	5____	5____

练习二　试以家里的地点记忆以下资料

31　五角	41　白鹭	51　拔河
32　和尚	42　恶霸	52　鱼市
33　漆	43　山	53　巴黎
34　白蚁	44　丝帕	54　白鹭
35　牛屎	45　二胡	55　舞衣
36　牛	46　沙子	56　沙鸥
37　恶霸	47　鳄鱼	57　拔河
38　牛耳	48　玉器	58　山林
39　耙	49　牛	59　溜溜
40　舅舅	50　气球	60　司机

学校的地点 (画或写20个地点)

麦当劳的地点 (画或写10个地点)

练习三　试用自己学校的地点记忆以下两首诗

问刘十九

〔唐〕白居易

绿蚁新醅酒，
红泥小火炉。
晚来天欲雪，
能饮一杯无？

江　雪

〔唐〕柳宗元

千山鸟飞绝，
万径人踪灭。
孤舟蓑笠翁，
独钓寒江雪。

练习四　试用其他地点记忆以下资料

望庐山瀑布

〔唐〕李　白

日照香炉生紫烟，
遥看瀑布挂前川。
飞流直下三千尺，
疑是银河落九天。

桃花溪

〔唐〕张　旭

隐隐飞桥隔野烟，
石矶西畔问渔船。
桃花尽日随流水，
洞在清溪何处边？

练习五　复习地点 (70个)

练习六　选择20个地点练习听记数字

练习七　试用教室的地点记忆以下文章

高高的蓝天上飘着几朵白云。蓝天下是一眼望不到边的稻田。稻子熟了，黄澄澄的，像铺了一地金子。

稻田旁边有个池塘。池塘的边上有棵梧桐树。一片一片的黄叶从树上落下来。有的落到水里，小鱼游过去，藏在底下，把它当做伞。有的落在岸边，蚂蚁爬上去，来回跑着，把它当做运动场。

稻田那边飞来两只燕子，看见树叶往下落，一边飞一边叫，好像在说："电报来了，催我们赶快到南方去呢！"(153字)

地　点：

1. 高高的蓝天上飘着几朵白云
2. 蓝天下是一眼望不到边的稻田
3. 稻子熟了，黄澄澄的
4. 像铺了一地金子
5. 稻田旁边有个池塘

6. 池塘的边上有棵梧桐树

7. 一片一片的黄叶从树上落下来

8. 有的落到水里，小鱼游过去，藏在底下，把它当做伞

9. 有的落在岸边，蚂蚁爬上去，来回跑着，把它当做运动场

10. 稻田那边飞来两只燕子

11. 看见树叶往下落

12. 一边飞一边叫

13. 好像在说：

14. “电报来了，催我们赶快到南方去呢！”

练习八　扑克牌代码

练习记扑克牌并不是鼓励赌博，正如运动员在健身房练习跑步、举重等，是锻炼体能的一种方法。而记忆扑克牌则是训练左右脑转换的一种手段和方法。并且，在世界记忆比赛中，有两个项目是与记忆扑克牌有关的。

葵扇 Spade

红心 Heart

梅花 Club

阶砖 Diamond

认识扑克牌的四种花型对应的数字及图案

黑桃(SPADE)		红心(HEART)	
A = 11	雨衣	A = 21	鳄鱼
2 = 12	鱼儿	2 = 22	鹅儿
3 = 13	雨伞	3 = 23	和尚
4 = 14	鱼市	4 = 24	恶狮
5 = 15	鹦鹉	5 = 25	二胡
6 = 16	衣纽	6 = 26	二楼
7 = 17	玉器	7 = 27	耳机
8 = 18	一巴	8 = 28	恶霸
9 = 19	一脚	9 = 29	二舅
10 = 10	石	10 = 20	恶灵
J = 黑桃(黑叶)		J = 红心	
Q = 女巫		Q = 女皇	
K = 唐三藏		K = 孙悟空	

♣ 梅花(CLUB)

A = 31　鲨鱼
2 = 32　沙鸥
3 = 33　闪闪
4 = 34　沙子
5 = 35　珊瑚
6 = 36　山路
7 = 37　山鸡
8 = 38　妇女
9 = 39　三角
10 = 40　山林
J = 梅花
Q = 女孩
K = 猪八戒

方块(DIAMOND) ♦

A = 41　石椅
2 = 42　死鹅
3 = 43　石山
4 = 44　石狮
5 = 45　食物
6 = 46　死牛
7 = 47　司机
8 = 48　丝帕
9 = 49　死囚
10 = 40　司令
J = 方块
Q = 公主
K = 沙僧

1	2	3	4	5	6	7	8	9	10
♥4	♠J	♣K	♣2	♦7	♥10	♥9	♣J	♠2	♠7
11	**12**	**13**	**14**	**15**	**16**	**17**	**18**	**19**	**20**
♥2	♠9	♦3	♣10	♥J	♠4	♣8	♥7	♥6	♦8
21	**22**	**23**	**24**	**25**	**26**	**27**	**28**	**29**	**30**
♣9	♥A	♠K	♥Q	♦J	♣7	♦10	♠5	♦K	♦A
31	**32**	**33**	**34**	**35**	**36**	**37**	**38**	**39**	**40**
♦Q	♥5	♣5	♠6	♠8	♠A	♥3	♣6	♣Q	♣A
41	**42**	**43**	**44**	**45**	**46**	**47**	**48**	**49**	**50**
♦2	♠10	♦5	♥8	♠3	♥K	♦6	♠Q	♦4	♦9
51	**52**								
♣3	♣4								

练习九　扑克牌记忆方法

1.与记忆数字一样

2.首先记熟每张牌的代码

3.每个地点记一张牌(共52个地点)

注：目前世界记忆大师其中一项标准就是要2分钟内记完一副扑克牌。

练习十　历史年份练习

哥伦布	发现新大陆	1492年
马可波罗	到中国旅行	1271年(24年后回国)
胡克	发现细胞	1665年
卡米拉祖斯	发现植物会呼吸	1694年
约飞	发现电有阴阳	1733年
麦克拉姆	发现维生素A	1915年
居里夫人	发现镭	1898年
阿姆斯特朗	登月成功	1969年
爱因斯坦	发表广义相对论	1915年
达盖尔	发明照相机	1839年
贝尔	发明电话	1876年
诺贝尔	发明炸药	1867年
拜尔德	发明电视	1926年
孔铁	发明铅笔	1790年
阿鲁麦达斯	发明眼镜	1317年
阿贝尔	发明罐头	1804年

单元五

省略语法

省略语法也称为头字语法，藏头诗法。省略语法是把要记的材料化为更小的记忆块，使记忆变得容易。在一般情况下，省略语法最适用于记忆一些零散，无关联的材料。

省略语法只提供一些回忆线索，使回忆更容易。不过，如果不能记住原来的材料，那么，省略语法就没有意义了。省略语法的优点是能顺序记住材料而不会遗漏。缺点是很多人做省略语时会发生困难，只能依靠别人提供的省略语。

如何运用省略语法

1. 在一系列材料中，用第一个字词（也可用其他位置的字词，视情况而定）做成另一个词或片语。

2. 要注意原材料的用字或意义。

3. 与所学过的联想法、串联法、代替法等综合运用最有效。

4. 在记忆重点资料时，可用意义省略语或每句字头省略语。记忆重点型材料，也可采用其他方法，例如关键字法。

例1： 八国联军

俄国、德国、法国、美国、日本、奥地利、意大利、英国

省略语：

饿 的 话， 每 日 熬 一 鹰

例2：周恩来总理所作的中国27个省和3个大城市的省略语

两湖两广两河山

五江云贵福吉安

四西二宁青甘陕

还有内台北上天

两湖：湖南、湖北	四：四川
两广：广东、广西	西：西藏
两河：河南、河北	二宁：辽宁、宁夏
两山：山东、山西	青：青海
五江：浙江、江西、江苏、黑龙江、新疆	甘：甘肃
	陕：陕西
云：云南	内：内蒙古
贵：贵州	台：台湾
福：福建	北：北京
吉：吉林	上：上海
安：安徽	天：天津

(新的省市) 两湖两广两河山

五江云贵福吉安

四西二宁青甘陕

海南内台北上天

还有港澳和重庆

例3：北美洲五大湖

Huron, Ontario, Michigan, Erie, Superior

省略法： HOMES（家）

例4：脑 波

Beta, Alpha, Thelta, Delta

1. The Batman Die.

2. Buy A Thin Dog.

例5：八大行星

Mercury, Venus, Earth, Mars, Jupiter, Saturn, Uranus, Neptune

省略法：

1. My Very Educated Mother Just Served Us Nine Pizzas.

2. Mother Visits Every Monday Just Stay Until Noon Period.

3. Men Very Easily Make Jugs Serve Useful Nocturnal Purposes.

例6：生物分类

Kingdom, Phylum, Class, Order, Family, Genus, Species

省略法：

1. King Philip Calmly Ordered Five Greasy Steaks.

2. King Philip, Come Out For God's Sake!

3. Kings Play Cards On Fat Girl's Stomachs.

例7：中国十二大煤矿

大同、阳泉、鸡西、开滦、峰缝、抚顺、淮南、六盘水、鹤岗、淮北、平顶山、阜新

省略语：太阳鸡、开封府、怀六鹤、怀平腹

影像：想象一只在晒大太阳的鸡，晒完太阳就跑去开封府找包青天，肚子怀着六只鹤，怀孕腹部还是平平的。

单元六

部位法

部位法和地点法非常相似。地点法就是用一个地点或事物与所要记的数据作联系，部位法则是把地或事物再细分为几个部分，然后与所需记忆的数据作联系。

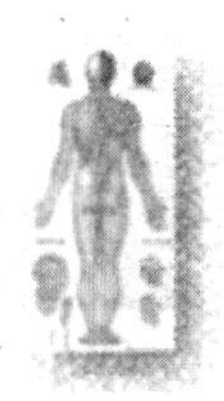

身体部位

1	头发	6	胸
2	眼	7	肚
3	鼻	8	腿
4	口	9	脚
5	颈	10	手

汽车部位

1 车前灯　　6 车门

2 车头盖　　7 驾驶盘

3 车顶　　8 司机座

4 行李箱　　9 后座位

5 车尾灯　　10 轮胎

树的部位

1 树顶

2 树叶

3 树枝

4 树干

5 树根

动物部位

1 头

2 背

3 尾

4 肚

5 脚

物 品

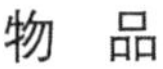

例：茶壶

1 壶盖

2 壶身

3 壶嘴

4 把手

5 壶内

运用部位法记忆下面的练习内容

练习一　八大行星

水星

金星

地球

火星

木星

土星

天王星

海王星

练习二　四书五经

1.《大学》
2.《中庸》
3.《论语》
4.《孟子》

1.《诗经》
2.《尚书》
3.《礼记》
4.《周易》
5.《春秋》

练习三

鸦片战争失败对中国的影响

1. 打击中国的经济。

2. 鸦片大量入口。

3. 中国门户的洞开。

4. 不平等条约的束缚。

5. 民族自信心动摇。

练习四

《马关条约》

1. 大清国从朝鲜半岛撤军并承认朝鲜的“自主独立”。

2. 大清国将台湾岛及附属各岛屿、澎湖列岛和辽东半岛让与日本。

3. 大清国赔偿日本军费二万万两白银。

4. 大清国开放沙市、重庆、苏州 、杭州为商埠。

5. 允许日本人在大清国通商口岸设立领事馆和工厂及输入各种机器。

6. 大清国给予日本和英、美等国一样的最惠国待遇。

7. 大清国不得逮捕为日本军队服务的人员。

单元七

MTW （Memory Trigger Word）

一、直接串联

例：

每日消毒

容易发挥的物质

投资项目

二、自己做主角

例：

不断获得新知识

领导全国人民

三、只记忆句子前面的字词

例：

平等互惠

开放通商口岸

凸显个人语言风格

改变我的人生

四、加上其他事物/事件

例：

改变我的人生

世事难料

促进经济发展

五、谐　音

例：

对资料的了解

用文字形容

可以用另一种颜色

为了记住全部内容

六、较长的句子，先抽出一部分资料

例：

1.中央委员会总书记负责召集中央政治局会议和中央政治局

常务委员会会议。

2.香港特别行政区政府可任用原香港公务人员中的或持有香港特别行政区永久性居民身份证的人士担任政府部门的各级公务人员。

3.凡属重大问题都要按照集体领导、民主集中、个别酝酿、会议决定的原则。

七、产品特色

1.制造过程完全无添加任何人工添加剂

2.天然的营养成分

3.长期饮用，无任何副作用

4.可以无限期保存

5.开封后不需要冷藏

6.让你的身体回到最自然的状态

7.肠胃道机能改善

8.毒素排除

9.免疫系统调节

10.拥有自然抵抗疾病能力

八、新文化运动的意义

1.动摇封建思想的统治地位

2.弘扬民主和科学

3.为五四运动爆发做思想准备

4.为马克思主义在中国的传播奠定了基础

5.利于文化的普及和繁荣

九、“三个代表”重要思想

2000年2月，江泽民同志第一次完整地概括了“三个代表”重要思想：“要把中国的事情办好，关键取决于我们党，取决于党的思想、作风、组织、纪律状况和战斗力、领导水平。只要我们党始终成为中国先进社会生产力的发展要求、中国先进文化的前进方向、中国最广大人民群众的根本利益的忠实代表，我们党就能永远立于不败之地，永远得到全国各族人民的衷心拥护并带领人民不断前进。”

练习一　试记忆以下课文

天鹅绒般的淡蓝色的月光照进树林，把一束束光芒投射到最深的黑暗之中，我脚下流淌的小河有时消失在树木间，有时重新出现，河水辉映着夜空的群星。对岸是一片草原，草原上沉睡着如洗的月光。几棵稀疏的白桦在微风中摇曳，在这纹丝不动的光海里形成几处飘浮的影子的岛屿。如果没有树叶的坠落，乍起的阵风，灰林鸟的哀鸣，周围本来是一个万籁俱寂的世界。远处不时传来尼亚加拉瀑布低沉的咆哮，那咆哮声在寂静的夜空越过重重荒原，最后湮灭在遥远的森林之中。

1.天鹅绒般的淡蓝色的月光照进树林

2.把一束束光芒投射到最深的黑暗之中

3.我脚下流淌的小河有时消失在树木间

4.有时重新出现

5.河水辉映着夜空的群星

6.对岸是一片草原

7.草原上沉睡着如洗的月光

8.几棵稀疏的白桦在微风中摇曳

9.在这纹丝不动的光海里

10.形成几处飘浮的影子的岛屿

11.如果没有树叶的坠落

12.乍起的阵风

13.灰林鸟的哀鸣

14.周围本来是一个万籁俱寂的世界

15.远处不时传来尼亚加拉瀑布低沉的咆哮

16.那咆哮声在寂静的夜空

17.越过重重荒原

18.最后湮灭在遥远的森林之中

练习二　记忆词语解释

吉言:　　表示吉祥的话

格言:　　精练著名的话

诺言:　　应允别人的话

忠言:　　诚恳劝告的话

誓言:　　宣誓所说的话

留言:　　临走写下的话

怨言:　　不满抱怨的话

遗言:　　生前留下的话

野性：　不受约束或难于约束

悬挂：　吊在空中

兴趣：　对事物喜爱的情绪

形势：　事物发展的状况

荒地：　长满野草或无人耕种的地方

连中三元：　在乡试、会试、殿试都考到第一名

乡试 —— 解元

会试 —— 会元

殿试 —— 状元

九族：1. 高祖、曾祖、祖、父、自己、子、孙、曾孙、玄孙

2. 父族四代、母族三代、妻族两代

练习三　文言文词语解释

1. 苦其心志（使……痛苦）

2. 无案牍之劳形（使……劳累）

3. 渔人甚异之（以……为异，对……感到诧异）

4. 妻之美我者（以……为美，认为……美丽）

5. 不蔓不枝（长得牵牵连连的，长得枝枝节节的）

6. 腰白玉之环（挂在腰间）

7. 斗折蛇行（像北斗七星那样，像蛇爬行那样）

8. 不亦说乎（同“悦”，高兴、愉快）

9. 山行六七里（在山上，沿着山路）

10.人恒过（犯过失）

练习四 地 图

中国省市示意图

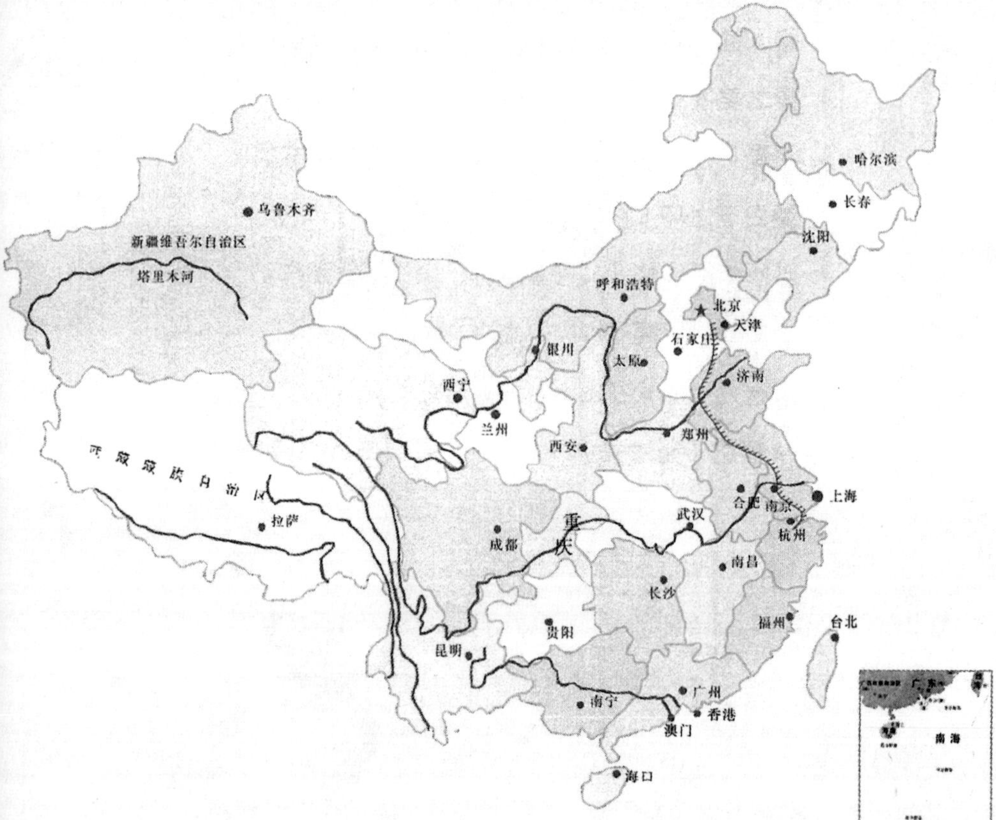

乌鲁木齐
新疆维吾尔自治区
塔里木河
拉萨
西宁
兰州
银川
呼和浩特
太原
石家庄
北京
天津
济南
郑州
西安
成都
重庆
武汉
合肥
南京
上海
杭州
南昌
长沙
贵阳
昆明
福州
台北
南宁
广州
香港
澳门
海口
哈尔滨
长春
沈阳
南海

世界地图（局部）

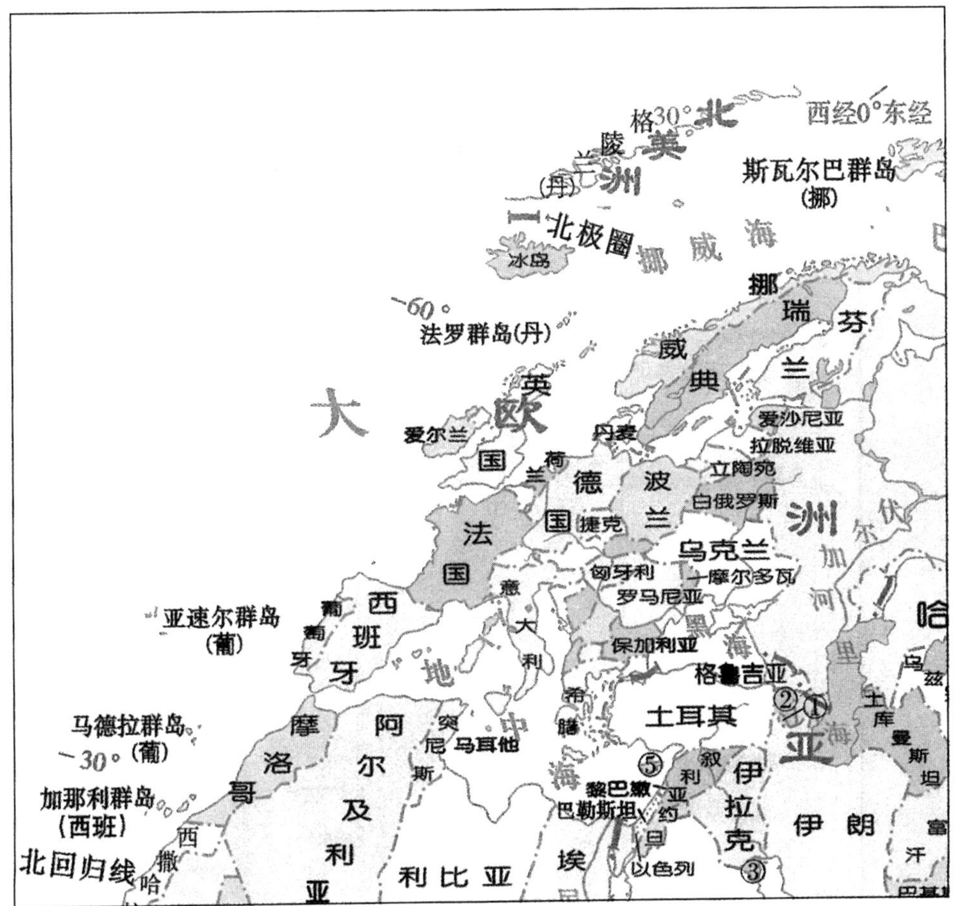

格陵兰(丹)
北美洲
西经0°东经
斯瓦尔巴群岛(挪)
北极圈
挪威海
冰岛
60°
法罗群岛(丹)
挪威
瑞典
芬兰
爱沙尼亚
拉脱维亚
立陶宛
英国
爱尔兰
丹麦
荷兰
德国
波兰
白俄罗斯
欧洲
大
法国
捷克
乌克兰
匈牙利
摩尔多瓦
罗马尼亚
伏尔加河
亚速尔群岛(葡)
葡萄牙
西班牙
意大利
保加利亚
黑海
格鲁吉亚
哈
乌兹
里海
土库曼斯坦
地中海
希腊
土耳其
亚
马德拉群岛(葡)
30°
摩洛哥
阿尔及利亚
突尼斯
马耳他
叙利亚
伊拉克
伊朗
黎巴嫩
巴勒斯坦
约旦
以色列
加那利群岛(西班)
西撒哈拉
北回归线
利比亚
埃
富汗

世界地图（局部）

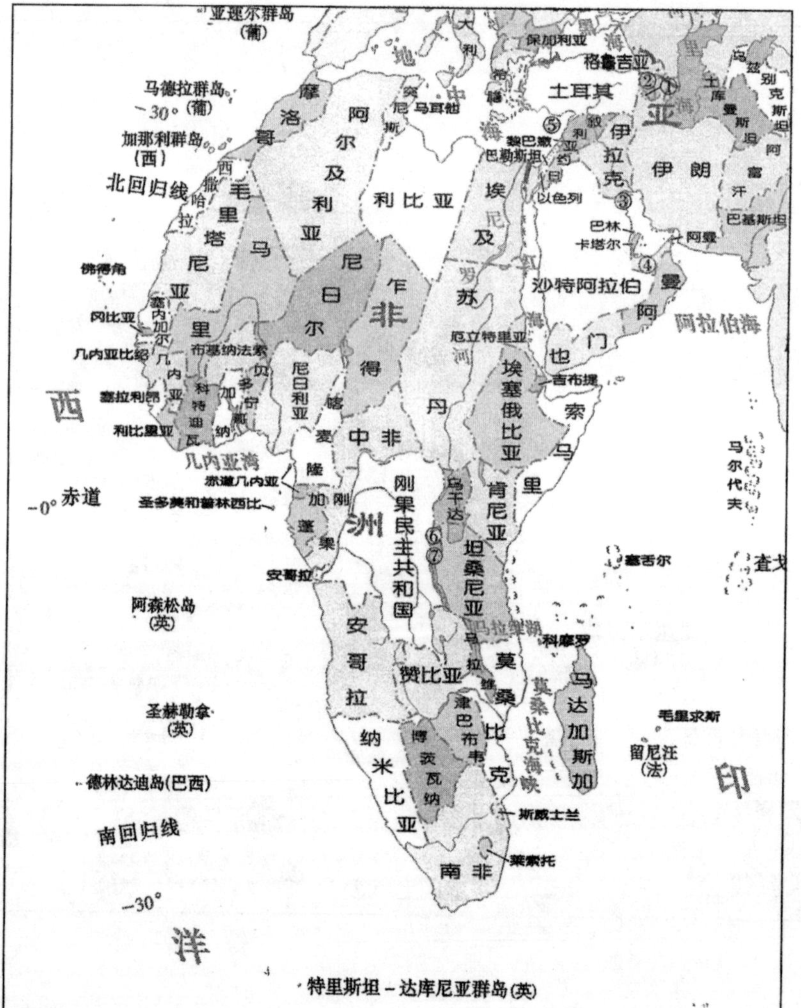

亚速尔群岛（葡）
马德拉群岛（葡）
−30°
加那利群岛（西）
北回归线
摩洛哥
西撒哈拉
毛里塔尼亚
阿尔及利亚
突尼斯
马耳他
利比亚
大利
希腊
保加利亚
格鲁吉亚
土耳其
①
②
③
④
⑤
⑥
⑦
叙利亚
黎巴嫩
巴勒斯坦
约旦
以色列
伊拉克
伊朗
土库曼斯坦
乌兹别克斯坦
阿富汗
巴基斯坦
巴林
卡塔尔
阿曼
埃及
沙特阿拉伯
阿拉伯海
也门
佛得角
冈比亚
塞内加尔
几内亚比绍
几内亚
塞拉利昂
利比里亚
科特迪瓦
加纳
多哥
贝宁
布基纳法索
马里
尼日尔
乍得
苏丹
尼日利亚
喀麦隆
中非
厄立特里亚
吉布提
埃塞俄比亚
索马里
西
几内亚海
赤道几内亚
圣多美和普林西比
−0° 赤道
加蓬
刚果
刚果民主共和国
乌干达
肯尼亚
坦桑尼亚
马尔代夫
塞舌尔
查戈
安哥拉
阿森松岛（英）
马拉维湖
科摩罗
马拉维
莫桑比克
赞比亚
津巴布韦
博茨瓦纳
纳米比亚
莫桑比克海峡
马达加斯加
毛里求斯
留尼汪（法）
圣赫勒拿（英）
德林达迪岛（巴西）
斯威士兰
印
南回归线
莱索托
南非
−30°
洋
特里斯坦－达库尼亚群岛（英）

单元八

思维记忆图

运用思维记忆图的好处

1. 使用大脑所有皮层技巧，利用色彩、线条、关键词、图像等，因此可以大大加强回忆的可能性。

2. 通过动手绘制思维导图可以激发大脑的各个层次，使大脑处于警醒状态，在记忆的时候更加有技巧。

3. 整个思维导图就是一个大的图像，是整个信息资讯的整体架构，它能使大脑产生希望回到它们中间去的意愿，因而再次激发自发回忆的可能性。

4. 它们的设计极为简单，而且结构清晰、层次分明，便于对信息的组织和管理，因而可以帮助记忆。

5. 使用助记的思维导图会激发大脑记忆能力，因而每用一次，大脑基本的记忆技巧水平就会提高一次。

6. 反映了人们的创造性思维过程，使得我们的思维过程实现可视化和可操作化，因此也就同时加强了创造性思维技巧。

7. 因为在制作思维导图时要求我们把关键性的内容记下来，

因此可以促使我们在学习和倾听阶段都保持较高水平的回忆。

8. 关键词和图像的应用，促使人们使用个人所有的联想能力，思维导图本身的形状加强了大脑物理印迹和网络开发能力，因此就增加了回忆的可能性。

9. 因为使用了左脑和右脑的所有技巧，为个人提供了一个“十拿九稳”的记忆方法，增加了个人的信心。

思维记忆图的规则

1. 把纸横放

2. 开始时在纸张的中部画一个与主题有关的图(大小约6cm×6cm)

3. 多用图画及符号

4. 选择最适合的关键词

5. 每一个关键词或图画必须是独立的，并且写在纸上

6. 每一条线必须是有连接的，而且是弯的，有如树干及树枝

7. 线条越接近中心越粗(表示越重要的信息)

8. 尽量使线条和关键词的长度一样

9. 多使用不同的颜色，每组的线条用同一种颜色

10.发展有个人特性的思维记忆图

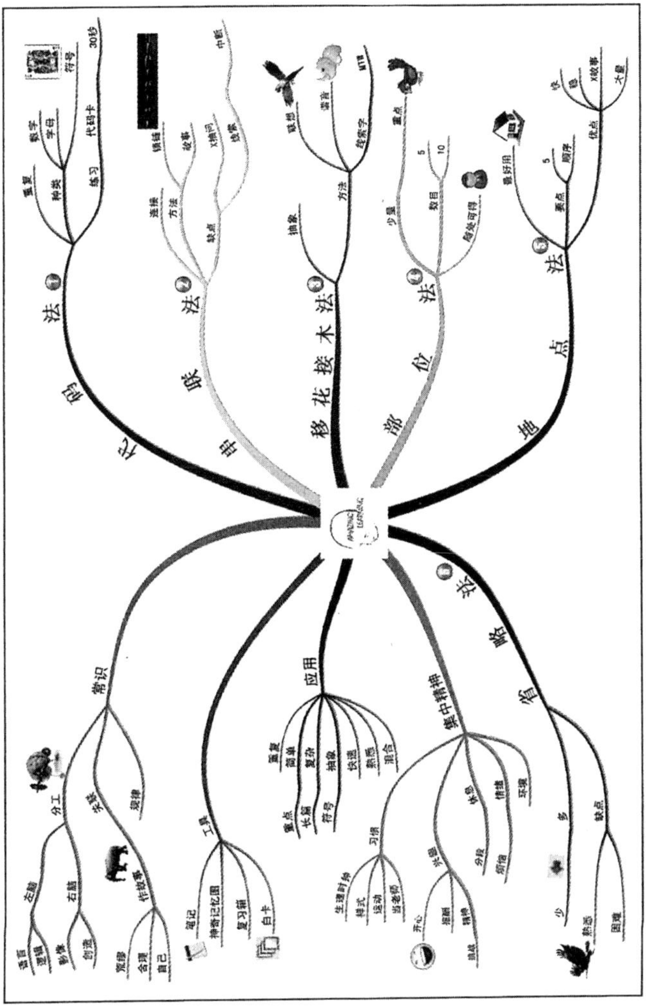

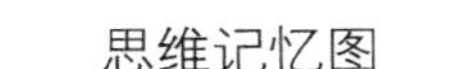

AMAZING LEARNING
代码法
重复
种类
数字
字母
符号
练习
代码卡
30秒
串联法
连接
方法
锁链
故事
缺点
X抽问
线索
中断
移花接木法
抽象
方法
联想
谐音
线索字
MTW
部位法
少量
重点
数目
5
10
随处可得
地点法
最好用
要点
5
顺序
优点
快
稳
X故事
大量
常识
分工
左脑
语言
逻辑
右脑
影像
创造
关联
作故事
荒谬
合理
自己
规律
工具
笔记
神奇记忆图
复习箱
白卡
应用
重复
简单
复杂
抽象
快速
熟悉
混合
重点
长篇
符号
集中精神
习惯
生理时钟
样式
运动
当老师
兴趣
开心
报酬
精神
挑战
休息
分段
情绪
烦恼
环境
省略法
少
多
缺点
熟悉
困难

思维记忆图

思维记忆图(例1)

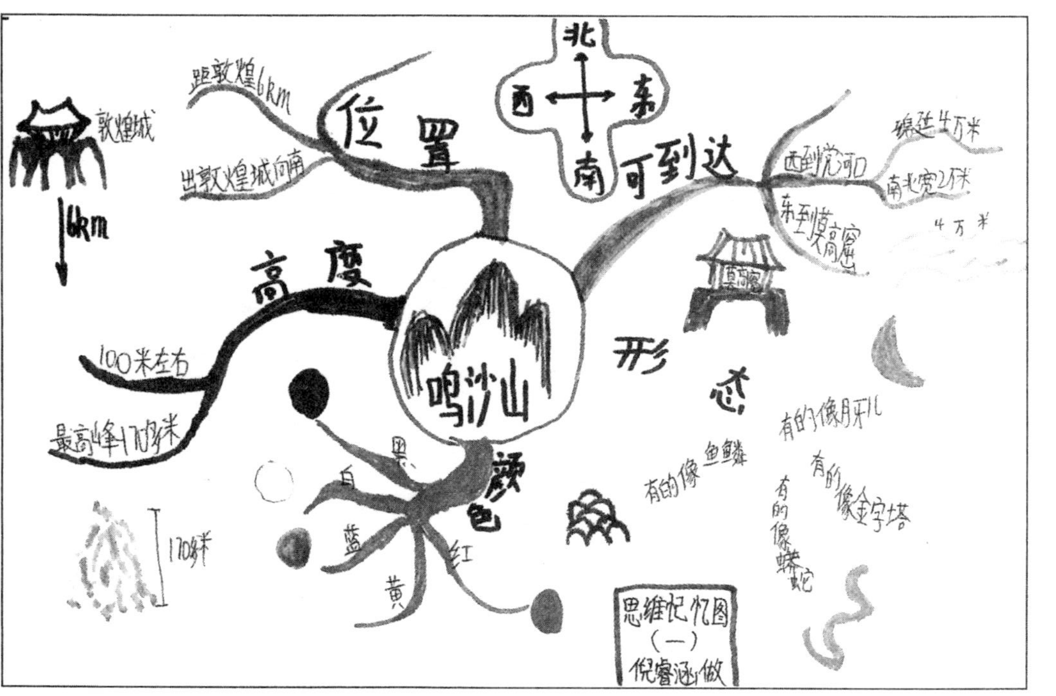
鸣沙山
位置
距敦煌6km
出敦煌城向南
敦煌城
6km
北
西
东
南
可到达
西到党河口
东到莫高窟
莫高窟
高度
100米左右
最高峰170多米
170多米
形态
有的像月牙儿
有的像鱼鳞
有的像金字塔
有的像蟒蛇
颜色
黑
白
蓝
黄
红
思维记忆图
（一）
倪睿涵做

思维记忆图(例2)

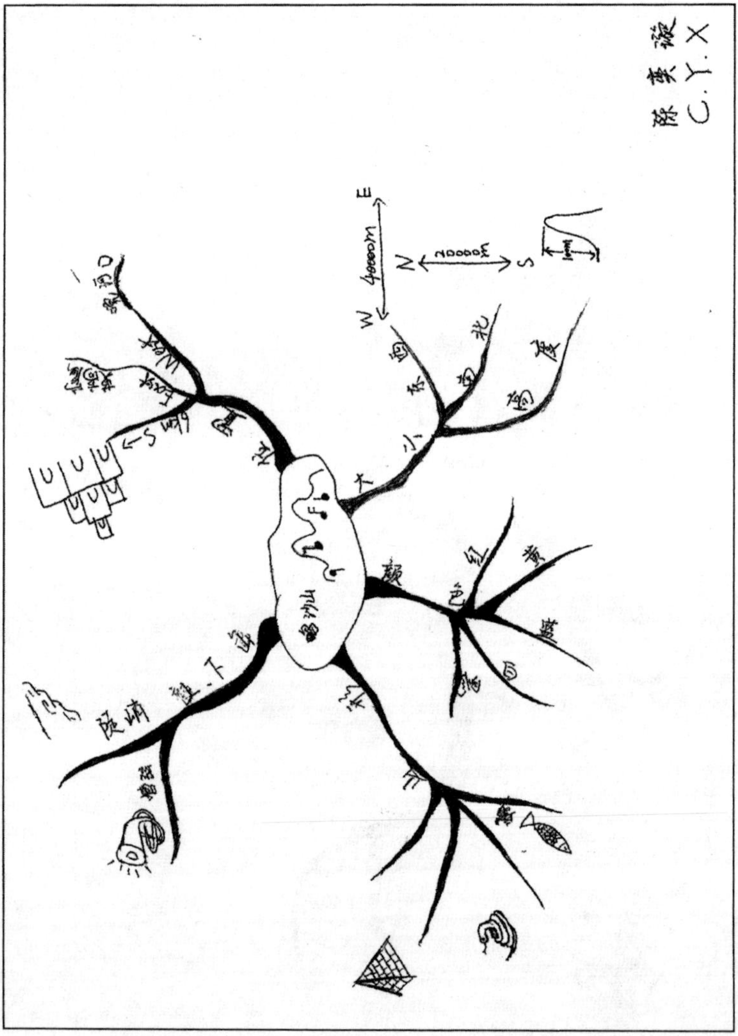

思维记忆图(例3)

练习一

鸣沙山

出敦煌城向南6公里，一眼就看到连绵起伏的鸣沙山。它东枕西北明珠莫高窟，西到党河口，延绵4万米，南北宽2万米，高度100米左右，最高峰170多米。山全由细沙聚积而成，沙粒有红、黄、蓝、白、黑5种颜色，晶莹透亮，一尘不染。沙山形态各异，有的像月牙儿，弯弯相连，组成沙链;有的像金字塔，高高耸起，有棱有角;有的像蟒蛇，长长而卧，延至天边;有的像鱼鳞，丘丘相接，排列整齐。

由于山势陡峭，攀登只能缓缓而上，下山时，沙粒会随人流动，发出管弦鼓乐般的隆隆声响，真是扣人心弦。

练习二

海 燕

［苏联］ 高尔基

在苍茫的大海上，风聚集着乌云。在乌云和大海之间，海燕像黑色的闪电高傲地飞翔。

一会儿翅膀碰着海浪，一会儿箭一般地直冲云霄，它叫喊着，——在这鸟儿勇敢的叫喊声里，乌云听到了欢乐。

在这叫喊声里，充满着对暴风雨的渴望！在这叫喊声里，乌云感到了愤怒的力量、热情的火焰和胜利的信心。

海鸥在暴风雨到来之前呻吟着，——呻吟着，在大海上面飞窜，想把自己对暴风雨的恐惧，掩藏到大海深处。

海鸭也呻吟着，——这些海鸭呀，享受不了生活的战斗的欢乐：轰隆隆的雷声就把它们吓坏了。

愚笨的企鹅，畏缩地把肥胖的身体躲藏在悬崖底下……只有高傲的海燕，勇敢地、自由自在地，在翻起白沫的大海上面飞翔。

乌云越来越暗，越来越低，向海面压下来；波浪一边歌唱，一边冲向空中去迎接那雷声。

雷声轰响，波浪在愤怒的飞沫中呼啸着，跟狂风争鸣。看吧，狂风紧紧抱起一堆巨浪，恶狠狠地扔到悬崖上，把这大块的翡翠摔成尘雾和碎沫。

海燕叫喊着，飞翔着，像黑色的闪电，箭一般地穿过乌云，翅膀刮起波浪的飞沫。

看吧，它飞舞着像个精灵——高傲的、黑色的暴风雨的精灵，——它在大笑，它又在号叫……它笑那些乌云，它因为欢乐而号叫！

这个敏感的精灵，——它从雷声的震怒里早就听出困乏，它深信，乌云遮不住太阳，——是的，遮不住的！

狂风吼叫……雷声轰响……

一堆堆的乌云，像青色的火焰，在无底的大海上燃烧。大海抓住闪电的箭光，把它们熄灭在自己的深渊里。这些闪电的影子，像一条条的火蛇，在大海里蜿蜒游动，一晃就消失了。

——暴风雨！暴风雨就要来啦！

这是勇敢的海燕，在怒吼的大海上，在闪电中间，高傲地飞翔；这是胜利的预言家在叫喊：

——让暴风雨来得更猛烈些吧！

练习三

童年的发现(节选)

[俄] 费奥多罗夫

我在九岁的时候就发现了有关胚胎发育的规律，这完全是我独立思考的结果。

听完这句话，你大概忍不住会哈哈大笑，愿意笑你就笑吧，反正笑声不会给你招来祸患。我跟你可不同，事情过去了三年，有一次我想起了自己的发现，情不自禁笑出了声音，竟使我当众受到了惩罚。

我的发现起始于梦中飞行。每天夜里做梦我都飞，我对飞行是那样迷恋，只要双脚一点，轻轻跃起，就能离开地面飞向空中。后来，我甚至学会了滑翔，在街道上空，在白桦林梢头，在青青的草地和澄澈的湖面上盘旋。我的身体是那样轻盈，可以随心所欲，运转自如，凭着双臂舒展和双腿弹动，似乎想去哪里就能飞到那里。

我以为在同学中间只有我一个人具有飞行的天赋，可是，有一天我终于弄明白了，每到夜晚，我的小伙伴们也都会在梦中飞腾。那天，我们几个人决定去见我们的老师，让他来解答这个奇妙的问题。

练习四

庄 子

庄子曾“着书十余万言”，他的思想主要反映在《庄子》一书中，庄子提出了“齐物”的观点，“齐物”就是齐一万物。

庄子认为，任何事物在本质上都是一样的，从“齐物”的观点出发，庄子提出“逍遥”的人生态度。

“逍遥”就是对事物的变化采取一种旁观、超然的态度。达到“逍遥”，就要“无所恃”，不要受各种条件左右。

庄子认为，天与人“不相胜”。

庄子说的“天”是指自然，“人”是指人为，人为是对自然状态的一种破坏，因此人必须顺从自然。

庄子在文学、美学方面也很有建树，他的寓言、散文蕴涵着深邃的哲理、智慧和神奇的浪漫主义风格。

练习五

鲁 迅

鲁迅原名周树人，字豫才，浙江绍兴人。1918年5月，首次用“鲁迅”作笔名，发表中国现代文学史上第一篇白话小说《狂人日记》。他一生创作和翻译了很多作品，如小说集《呐喊》、《彷徨》、《故事新编》，散文诗集《野草》，散文集《朝花夕拾》，杂文集《坟》、《热风》、《华盖集》。

鲁迅以笔为武器，战斗了一生，被誉为“民族魂”。毛泽东评价他是伟大的文学家、思想家和革命家，是中国文化革命的主将。

练习六

贝多芬

贝多芬是德国最伟大的音乐家之一，对世界音乐的发展有着举足轻重的作用，被尊称为“乐圣”。贝多芬生活道路非常坎坷，26岁时听力开始减弱，晚年失聪，只能通过书写跟人交谈。他以坚强的意志克服了重重困难，一生创作了许多不朽的作品，如广为流传的交响乐《英雄》、《命运》、《田园》、《合唱》。

单元九

符号记忆法

符号代表一些信息，当你在气象报告节目中看到一把雨伞，就知道会下雨了。在学校的学习，学生们需要记住大量的地理符号，把符号变得具有内在意义形象化特征使符号容易被记牢。例如我们很难记住德国地图而很容易记住意大利地图，因为德国地图没有形象化特征，而意大利地图很像一只脚在踢球。

太阳系的八大行星符号

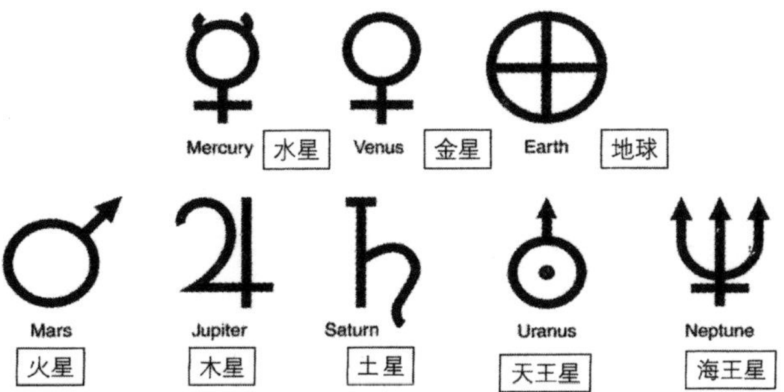

八 卦

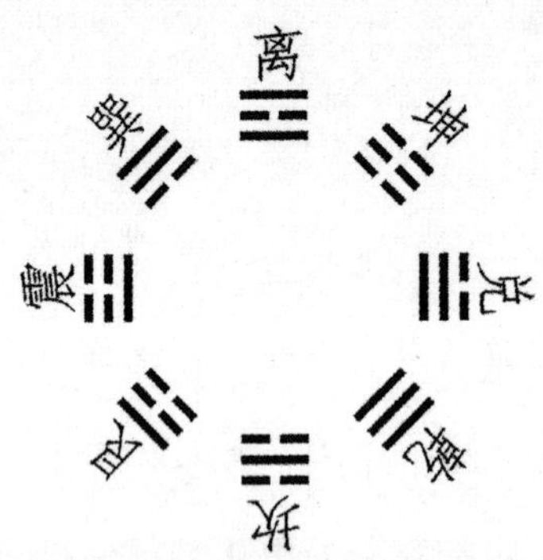

口 诀

一乾天三连。 五巽风下断。

二兑泽上缺。 六坎水中满。

三离火中空。 七艮山覆碗。

四震雷仰盂。 八坤地三断。

二进制

001000110100111001101011101010

110000101111001010001111011101

111010001110101001010110101001

000101001110100100111101110010

摩斯密码字母表1

A .–	N –.	0 –––––
B –...	O –––	1 .––––
C –.–.	P .––.	2 ..–––
D –..	Q ––.–	3 ...––
E .	R .–.	4 ....–
F ..–.	S ...	5 .....
G ––.	T –	6 –....
H	U ..–	7 ––...
I ..	V ...–	8 –––..
J .–––	W .––	9 ––––.
K –.–	X –..–	Full stop –.–.–
L .–..	Y –.––	Comma ––..––
M ––	Z ––..	Query ..––..

摩斯密码字母表2

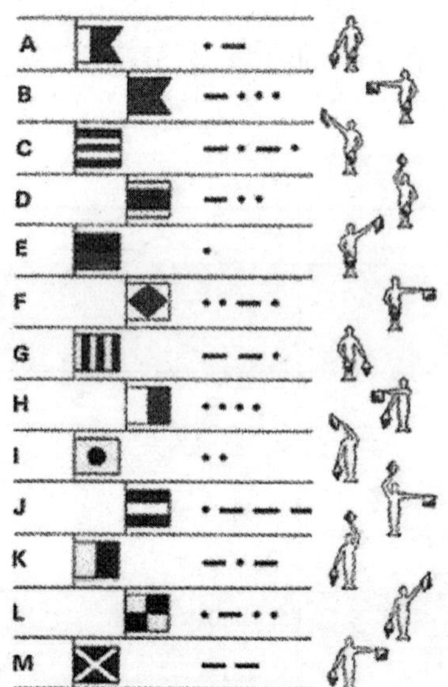

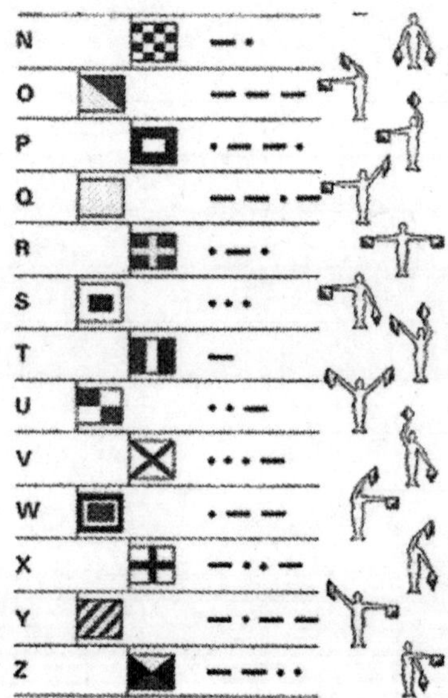

盲文字母表

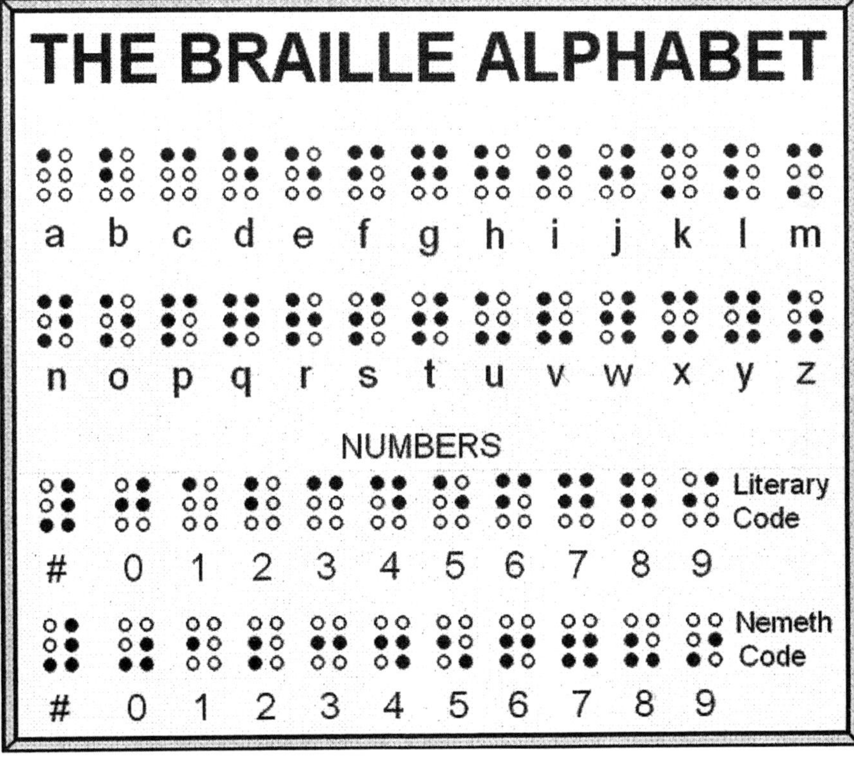
THE BRAILLE ALPHABET
a b c d e f g h i j k l m
n o p q r s t u v w x y z
NUMBERS
Literary Code
0 1 2 3 4 5 6 7 8 9
Nemeth Code
0 1 2 3 4 5 6 7 8 9

单元十

公式记忆法

数理化公式

$2\sin A\cos B=\sin(A+B)+\sin(A-B)$

$2\cos A\sin B=\sin(A+B)-\sin(A-B)$

$2\cos A\cos B=\cos(A+B)-\sin(A-B)$

$-2\sin A\sin B=\cos(A+B)-\cos(A-B)$

$tg=\frac{V_y}{V_0}$　　$V=\sqrt{V_0^2+V_y^2}$

$V_y=V_0 tg$　　$V_0=V\cos$

$V_0=V_y ctg$　　$V_y=V\sin$

$2F_2+2H_2O=4HF+O_2$

$2F_2+2NaOH=2NaF+OF_2+H_2O$

$F_2+2NaCl=2NaF+Cl_2$

$F_2+2NaBr=2NaF+Br_2$

$3Cl_2+2Fe=2FeCl_3$

$Cl_2+2FeCl_2=2FeCl_3$

$Cl_2+Cu=CuCl_2$

$2Cl_2+2NaBr=2NaCl+Br_2$

$Cl_2+2NaI=2NaCl+I_2$

单元十一

SQ3R阅读法

S=SURVEY　　（浏览）

Q=QUESTION　　（问题）

R=READ　　（快速阅读）

R=RECITE　　（背诵）

R=RECALL　　（回忆）

一、浏 览

1.读标题、大字体，引导、总结、图片、回忆上面有关的课文。

2.在此阶段也可以决定用全部或部分学习法。

二、问 题

1.读课文的问题，把标题转变成问题。

2.如果没有标题，可以自己设计标题。

3.问题常常是课文的重点所在，同时也引导你去阅读重要部分。通过问题，就可知道文章重点，使你更易集中精神，更易理

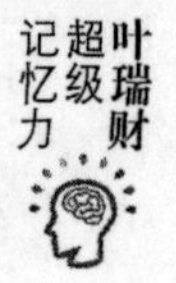

解课文。

三、阅 读

1.在阅读阶段，应该读课文的要点，而不是一字一字地读。

2.不必停留在不理解的地方，应当继续多读一或两段。如果理解程度没有改善，再倒回去阅读。这是因为很多时候在上文没有解释清楚的资料，会在下文解释或提供例子。

3.在阅读阶段不必介意记住多少，只要能找到重点所在就行了。

4.带着问题去阅读，便不会分神。

5.脑海出现课文所描述的影像，将使你记得更好。

6.如果课文较难理解，可以重复阅读一次。

四、背 诵

1.写下每段的重点(也可在第二次阅读时写下重点)。

2.在写重点时，不必写完整的句子，或将整个句子抄下来。抄写完整的句子是被动学习而不是主动学习。

3.背诵问题的答案。

4.背诵时会马上知道自己对课文的理解和记忆程度，以便采取合适的对策。

五、回　忆

1.不要看课文，把课文复述一次。复述使记忆痕迹加深，有利于日后的回忆。

2.如时间允许，写一篇总结或在脑子里整理出一篇总结。

练习一

程序实际上是很简单的。首先，你要将东西按不同的类别加以整理。当然，也许把它们放在一起也可以，这决定于你有多少工作要做。如果缺少什么工具，你必须到别的地方去取。如果什么东西也不需要，准备工作就已经很好地完成了。

重要的是不要干太多，也就是说一次干的少一点比干的多要好。在短期的运转过程中，这一点看起来好像并不重要，但是复杂的情况很容易出现。一次错误的代价也可能是很大的。最初，整个过程好像是复杂的，但是，很快它就将成为生活中的另一个侧面。在整个过程完成后，我们就可以再将这些东西分成不同的类别，然后，就可以把它们放在适当的地方。最终，它们将再一次被使用，而以上的过程也将被重复。然而，这正是我们生活的一部分。

练习二

太平天国灭亡的原因

太平天国建都天京后，其主要领导人物在私生活上，沉迷酒色。在政治上，他们互相猜忌，争权夺利，而且不择手段，完全失去革命者的本色，也逐渐失去了民众的拥护。

在太平天国的领导中，封建的宗派观念很重。太平天国成立初期，大敌当前，彼此还能维持团结。等到定都天京后，太平天国内部矛盾日渐尖锐和表面化。不但削弱了天国的力量，打击了太平天国的威望，而且让清政府有喘气与反攻的机会。

太平军只知攻城，不知守地，当他们攻下重要的城镇后，竟然没有留下足够的军队把守，所以很快又被清军或湘军夺回。又如洪秀全只派少数兵队进行北伐，深入敌境，以致全军覆没。

太平天国推行的是土地共有政策，为了保障官僚和地主的利益，清朝官员以维护“道统”和“孔孟之道”为名，创办团练，把地主的武装力量，组成湘军和淮军，这两支军队成立后，获得汉族地主豪绅大力支持，故取代清军，成为对抗太平军的主力。而清政府主要就是靠湘、淮二军把太平天国消灭的。

太平天国初建时，英、美、法等帝国主义者，一度抱着观望态度，可是后来发现太平天国主张民族平等，严禁鸦片入口，对列强不利，所以就改变态度，公然与清政府勾结。直接或间接地与太平天国对抗。他们不但用兵舰运载淮军，向清军提供武器，而且成立常胜军与常捷军等洋枪队，直接与太平天国交战。

练习三

只有一个地球

据有幸飞上太空的宇航员介绍，他们在天际遨游时遥望地球，映入眼帘的是一个晶莹的球体，上面蓝色和白色的纹痕相互交错，周围裹着一层薄薄的水蓝色“纱衣”。地球，这位人类的母亲，这个生命的摇篮，是那样的美丽壮观，和蔼可亲。

但是，同茫茫的宇宙相比，地球是渺小的。它是一个半径只有6300多千米的星球，在群星璀璨的宇宙海洋中，就像一叶扁舟。它只有这么大，不会再长大。地球表面的面积是5.1亿平方公里，而人类生活的陆地大约只占其中的五分之一。这样，人类生活的范围就很小很小了。

地球所拥有的自然资源也是有限的。就拿矿物资源来说，它并不是上帝的恩赐，而是经过几百万年，甚至几亿年的地质变化而形成的。地球是无私的，它向人类慷慨地提供矿产资源。但是，如果不加节制地开采，必将加速地球上矿产资源的枯竭。

人类生活所需要的水资源、森林资源、生物资源、大气资源，本来可以不断再生，长期给人类做贡献的。但是，由于人类随意破坏自然资源，不顾后果地滥用化学品，不但影响再生资源的再生，而且还造成了一系列生态灾难，给人类生存带来了严重的威胁。

有人会说，宇宙空间不是大得很吗，那里有数不清的星球，在地球资源枯竭的时候，我们不能移居到别的星球上去吗?

科学家已经证明，至少在以地球为中心的40万亿千米的范围内，没有适合人类居住的第二个星球。人类不能指望在破坏了地球以后再移居到别的星球上去。

不错，科学家们提出了许多设想，例如，在火星或者月球上建造移民基地。但是，这些设想即使能实现，又有多少人能够去居住呢?

“我们这个地球太可爱了，同时又太容易破碎了！”这是宇航员遨游太空目睹地球时发出的感叹。

只有一个地球，如果它被破坏了，我们别无去处。如果地球上的各种资源都枯竭了，我们很难从别的地方得到补充。我们精心保护地球，保护地球的生态环境。让地球更好地造福于我们的子孙后代吧！

练习四

穷 人（节选）

［俄］列夫·托尔斯泰

渔夫的妻子桑娜坐在火炉旁补一张破帆。屋外寒风呼啸，汹涌澎湃的海浪拍击着海岸，溅起一阵阵浪花。海上正起着风暴，外面又黑又冷，这间渔家的小屋里却温暖而舒适。地扫得干干净净，炉子里的火还没有熄，食具在搁板上闪闪发亮。挂着白色帐子的床上，五个孩子正在海风呼啸声中安静地睡着。丈夫清早驾着小船出海，这时候还没有回来。桑娜听着波涛的轰鸣和狂风的怒吼，感到心惊肉跳。

古老的钟发哑地敲了十下，十一下……始终不见丈夫回来。桑娜沉思：丈夫不顾惜身体，冒着寒冷和风暴出去打鱼，她自己也从早到晚地干活，还只能勉强填饱肚子。孩子们没有鞋穿，不论冬夏都光着脚跑来跑去；吃的是黑面包，菜只有鱼。不过，感谢上帝，孩子们都还健康。没什么可抱怨的。桑娜倾听着风暴的声音，“他现在在哪儿？上帝啊，保佑他，救救他，开开恩吧！”她一面自言自语，一面在胸前画着十字。

睡觉还早。桑娜站起身来，把一块很厚的围巾包在头上，提

着马灯走出门去。她想看看灯塔上的灯是不是亮着，丈夫的小船能不能望见。海面上什么也看不见。风掀起她的围巾，卷着被刮断的什么东西敲打着邻居的小屋的门。桑娜想起了她傍晚就想去探望的那个生病的女邻居。“没有一个人照顾她啊！”桑娜一边想，一边敲了敲门。她侧着耳朵听，没有人答应。

“寡妇的日子真困难啊！”桑娜站在门口想，“孩子虽然不算多——只有两个，可是全靠她一个人张罗，如今又加上病。唉，寡妇的日子真难过啊！进去看看吧！”

桑娜一次又一次地敲门，仍旧没有人答应。

“喂，西蒙！”桑娜喊了一声，心想，莫不是出什么事了？她猛地推开门。

屋子里没有生炉子，又潮湿又阴冷。桑娜举起马灯，想看看病人在什么地方。首先映入眼帘的是对着门放着的一张床，床上仰面躺着她的女邻居。她一动不动，只有死人才是这副模样。桑娜把马灯举得更近一些，不错，是西蒙。她头往后仰着，冰冷发青的脸上显出死的宁静，一只苍白僵硬的手像要抓住什么似的，从稻草铺上垂下来。就在这死去的母亲旁边，睡着两个很小的孩子，都是鬈头发，圆脸蛋，身上盖着旧衣服，蜷缩着身子，两个浅黄头发的小脑袋紧紧地靠在一起。显然，母亲在临死的时候，拿自己的衣服盖在他们的身上，还用旧头巾包住他们的小脚。孩子的呼吸均匀而平静，他们睡得又香又甜。

桑娜用头巾裹住睡着的孩子，把他们抱回家里。她的心跳得很厉害，自己也不知道为什么要这样做，但是觉得非这样做不可。她把这两个熟睡的孩子放在床上，让他们同自己的孩子睡在一起，又连忙把帐子拉好。

桑娜脸色苍白，神情激动。她忐忑不安地想："他会说什么呢？这是闹着玩的吗？自己的五个孩子已经够他受的了……是他来啦？……不，还没来!……为什么把他们抱过来啊？……他会揍我的!那也活该，我自作自受……嗯，揍我一顿也好！"

门吱嘎一声，仿佛有人进来了。桑娜一惊，从椅子上站起来。

"不，没有人！上帝，我为什么要这样做？……如今叫我怎么对他说呢？……"桑娜沉思着，久久地坐在床前。

门突然开了，一股清新的海风冲进屋子。魁梧黧黑的渔夫拖着湿淋淋的被撕破了的渔网，一边走进来，一边说："嘿，我回来啦，桑娜！"

"哦，是你！"桑娜站起来，不敢抬起眼睛看他。

"瞧，这样的夜晚！真可怕！"

“是啊，是啊，天气坏透了！哦，鱼打得怎么样？”

“糟糕，真糟糕！什么也没有打到，还把网给撕破了。倒霉！天气可真厉害！我简直记不起几时有过这样的夜晚了，还谈得上什么打鱼！谢谢上帝，总算活着回来。……我不在，你在家里做些什么呢?”

渔夫说着，把网拖进屋里，坐在炉子旁边。

“我？”桑娜脸色发白，说，“我嘛……缝缝补补……风吼得这么凶，真叫人害怕。我可替你担心呢！”

“是啊，是啊，”丈夫喃喃地说，“这天气真是活见鬼！可是有什么办法呢！”

两个人沉默了一阵。

“你知道吗？”桑娜说，“咱们的邻居西蒙死了。”

“哦？什么时候？”

“我也不知道，大概是昨天。唉！她死得好惨哪！两个孩子都在她身边，睡着了。他们那么小……一个还不会说话，另一个刚会爬……”桑娜沉默了。

渔夫皱起眉，他的脸变得严肃、忧虑。“嗯，是个问题！”他搔搔后脑勺说，“嗯，你看怎么办？得把他们抱过来，同死人待在一起怎么行！哦，我们，我们总能熬过去的！快去！别等他们醒来。"

但桑娜坐着一动不动。

"你怎么啦？不愿意吗？你怎么啦，桑娜？"

"你瞧，他们在这里啦。"桑娜拉开了帐子。

…… ……

练习五

捉 鬼

清朝乾隆年间，曹雪芹住在香山脚下一个风景秀丽的小村里。村后有座小山叫"毓璜顶"，还有一座挺漂亮的房子。房前绿草如茵，房后泉水淙淙，是个十分幽静的所在。然而近一年来，却冷冷落落，灌木丛生，显出一派荒芜萧索。屋子虽好，却无人问津。因为都知道这里闹鬼。每日清晨，那鬼驾着一朵云飞向山顶；日落黄昏，又带着一道亮火落到屋前。

人们谈鬼色变，巫婆神道趁机蛊惑人心，搅得鸡犬不宁。这件事情传到曹雪芹的耳朵里，他不露声色，独自一人，于拂晓，于黄昏，悄悄站在房子附近的一块高地上瞭望，果然看见了那道似灰似蓝的亮火。他一连看了三四日，额头的皱纹终于舒展开

来，笑道：“我明白了！”邻人们问他看见的鬼是什么样子，雪芹回答：“三日后必见分晓。”

以后几天，人们奇怪地发现曹雪芹整日徘徊于荆棘荒野之间，时而拨弄乱石，时而察看古墓，他的手和裤子都被荆棘划破了，但仍毫无倦意。终于，他像发现了什么奥秘，兴冲冲地下山来了。

人们听说曹雪芹要捉鬼，真是又惊又喜，于是天还没黑，就都躲在附近，悄悄地看着。不一会儿，曹雪芹来了，背着一条大口袋，鼓鼓囊囊的，取出来，竟是一口大锅。胆子大的人都围上来问：“您一个人去行吗？”曹雪芹拍拍一位小伙子的肩膀说：“不碍事，今天晚上，你们一见山上有火光，就是我把鬼捉住了，你们就上来看吧。”

好容易盼到天黑，那鬼火果然又出现了，箭一般地射下来。只听曹雪芹一声叫喊，接着“咣当”一声响，山上亮起了火把。雪芹朗声叫道：“我已将此鬼捉住了。”说罢，提起一个浑身发亮的东西，在石头上摔了几下。人们蜂拥过去，仔细一看，那竟是一只毛色发光的狐狸。雪芹笑着对大家讲：“见怪不怪，其怪自败。这家伙本叫玄狐，由于常年住在古墓里，蹭了一身磷，磷在夜晚会发光，玄狐腿短，跑起来像一道火光，如今这亮火已被我扣在锅里，这就是你们看见的鬼呀！”从此以后，这里再也没有闹过鬼啦！

单元十二

英语单词记忆法

英语字母代码

a=apple	苹果	o=orange	橙子
b=boy	男孩	p=pig	猪
c=cat	猫	q=queen	女王
d=dog	狗	r=rat	老鼠
e=elephant	大象	s=snake	蛇
f=fish	鱼	t=tree	树
g=girl	女孩	u=umbrella	雨伞
h=horse	马	v=van	客货车
I=ice cream	冰淇淋	w=woman	女人
j=jet	喷射机	x=x' mas	圣诞树
k=king	国王	y=yoyo	悠悠球
l=lion	狮子	z=zebra	斑马
m=man	男人	ch=chair	椅子
n=nose	鼻子	sh=shoes	鞋子

英语单词串联法

以字母代码串联中文解释，练习后成为字根

例子：

ace　　n.　“A”的纸牌

act　　n.　表演，行为

age　　n.　年龄；年纪

ail　　v.　感到烦恼/痛苦

air　　n.　空气；天空

ale　　n.　浓啤酒

组合记忆法 1+1=3

英语与中文相同，都有字根与前缀，只要记住英语的字根与前缀，就能够构成众多单字及词组。

以字母代码串联字根及中文解释，练习后成为英语单词

英语单词练习：

ace “A”的扑克牌	face	n.脸；面孔
	lace	n.网眼花边；透孔织品
	pace	v.踱步
	race	v.竞赛；n. 种族
act 表演，行动	fact	n.事实；真相
	pact	n.协议；条约
	tact	n.机智
age 年龄	cage	n.笼子
	page	n.页（书的）
	rage	v.大怒
	wage	n.工资（通常作wages）

续表

ail 感到烦恼/痛苦	fail	*v.*不及格；失败
	hail	*n.*冰雹
	jail	*n.*(同gaol) 监狱
	mail	*n.*信件
	nail	*n.*指甲；钉
	pail	*n.*桶
	rail	*n.*铁轨；横杆
	sail	*n.*帆
	tail	*n.*尾巴
	wail	*v.*（长而悲痛的）哀号
air 天空	fair	*adj.*（天气）晴朗的；公平的
	hair	*n.*头发；毛
	pair	*n.*一对；一双
ale 浓啤酒	bale	*n.*大包；大捆
	gale	*n.*大风
	pale	*adj.* 苍白的
	sale	*n.*卖；出售
	tale	*n.*故事

字母代码串联字根及中文解释，复习后可牢记该英语单词

all 全部	call　v.叫；喊；通电话
	fall　v.跌落；降落
	hall　n.礼堂；大厅
	mall　n.购物商场
	tall　adj. 高的
	wall　n.墙；壁
and 和	band　n.乐队；一队；一组
	hand　n.手
	land　n.土地
	sand　n.沙
	wand　n.棍子；棒子
ape 人猿	cape　n.海角
	gape　v.目瞪口呆地凝视
	tape　n.录音带；带子

续表

are 是	bare	*adj.* 裸露的；光秃秃的
	care	*v.*关心；小心
	fare	*n.*车费，票价
	ware	*n.*器皿
	share	*v.*分享
ark 方舟	bark	*v.*（狗）吠叫
	dark	*adj.* 黑暗的
	lark	*n.*云雀
	mark	*n.*记号；分数；符号
	park	*n.*公园；园林
	shark	*n.*鲨鱼
arm 手臂	farm	*n.*农场；农田
	harm	*v.*伤害；损害
	warm	*adj.* 温暖的
	charm	*n.*魅力；迷人的力量
	arms	*n.*武器
	army	*n.*陆军

续表

art 艺术，图画	cart　*n*.(通常为马或牛拉的大车)
	dart　*n*.飞标
	part　*n*.一部分；局部
	chart　*n*.图表
ash 灰	cash　*n*.现金
	dash　*v*.猛冲
	lash　*n*.鞭子的皮条部分
	sash　*n*.肩带
	wash　*v*.洗；洗涤
eat 吃	beat　*v*.打；敲击
	heat　*n*.热
	meat　*n*.肉
	neat　*adj*. 整齐
	seat　*n*.座位
	cheat　*v*.欺骗

续表

词根	单词
eel 鳗	feel　v.感觉；触摸
	heel　n.脚跟
	peel　v.剥<蔬果>皮；使成片脱落
	reel　n.卷轴；卷筒
end 结束，末端	bend　n.弯
	lend　v.借
	mend　v.修理；修补
	send　v.寄；发送
	tend　v.倾向于；常做某事物
ink 墨水	link　v.连结
	pink　adj. 粉红色的
	sink　n.洗手盆
	wink　v.（使眼色）眨一只眼
old 老的	bold　adj. 大胆的；勇敢的
	cold　adj. 冷　n. 伤风
	fold　v.折叠
	gold　n.黄金
	hold　v.拿着；容纳

续表

one 一	bone　*n.*骨头
	cone　*n.*圆锥体
	lone　*adj.* 孤单的；孤独的
	none　*pron.* 一个也没有
	tone　*n.*音调；腔调
our 我们的	hour　*n.*小时
	pour　*v.*倒（液体）
	sour　*adj.*酸的
	tour　*n.*旅游；观光
	your　*adj.*你（们）的
ant 蚂蚁	pant　*v.*喘气
	pants　*n.*短内裤
	want　*v.*想要
ass 驴	lass　*n.*少女
	pass　*v.*传递；经过 *n.* 及格

续表

oar 桨	boar　*n.*野猪
	roar　*v.*吼叫
	soar　*v.*飞向天空；急速上升
out 外面	pout　*v.*撅嘴
	shout　*v.*喊叫
oil 油	boil　*v.*（指液体）煮沸；沸腾
	coil　*v.*卷；盘绕
	foil　*n.*锡纸；铝箔
	soil　*n.*泥土

英语二级代码

ba=爸	ca=擦
be=杯(bei)	ce=厕（所）
bi=婢(女)	ci=刺
bo=玻璃	co=聪(明人)
bu=布	cu=醋
da=打	fa=发
de=的士	fe=飞(机)
di=(皇）帝	fi=fire
do=动(物)	fo=佛
du=肚	fu=符
ga=咖(喱)	ha=蛤蟆
ge=歌(星)	he=河
go=公(gong)	hi=hie（打招呼）
gu=姑	ho=猴（hou）
la=拉	hu=虎

续表

le=乐(快乐的人)	ma=马	
li=(狐)狸	me=玫(mei)瑰	
lo=楼(lou，高楼)	mi=米	
lu=鹿	mo=模特儿	
na=拿	mu=母(亲)	
ne=(neon or net)	pa=(牛)扒	ra=rain(下雨)
ni=尼(姑)	pe=陪(伴)	re=人ren
no=农(夫)nong	pi=皮(鞋)	ri=日(太阳)
nu=奴(隶)	po=婆(老太婆)	ro=肉rou
sa=(菩)萨	pu=葡(萄)	ru=儒(生)
se=色(颜色笔)	ta=踏	wa=娃(洋娃娃)
si=寺	te=特别	we=(我们)
so=松song(树)	ti=梯	wi=wind
su=塑像	to=头	
	tu=兔	

以英文二级代码串联字母及中文解释，复习后可牢记该英语单词

ba	bag	n.手袋
	ban	v.禁止
	bad	adj.坏的；劣质的
	bar	n.酒吧
	bat	n.蝙蝠；球棒（板）
be	bee	n.蜜蜂
	bed	n.床
	beg	v.乞求；行乞
	ben	n.山峰
	bet	v.打赌
bi	bib	n.（小儿的）围嘴
	bid	v.出价；喊价
	big	adj.大的
	bin	n.大桶
	bit	n. 少量；小块
bo	boa	n.蟒蛇
	bow	n.弓；蝶形结
	box	n.盒；匣

续表

bu	bud	n.花蕾
	bug	n.臭虫；小昆虫
	bum	n.（口）屁股；游民
	bun	n.小而圆的面包；发髻
	bur	n.刺蒺藜
	bus	n.公共汽车
	buy	v.买
	bull	n.公牛
ca	cab	n.出租车
	can	n.罐头；容器
	cap	n.帽子；盖子
	car	n.汽车
co	cow	n.母牛
	con	v.欺骗
	coo	v.（鸽子）发咕咕声
	cop	n.警察
	cot	n.帆布床
cu	cub	n.幼狮
	cup	n.（有柄）杯子
	cut	v.割；切
da	dam	n.水坝
	day	n.日子

续表

di	die	v.死；死亡
	dig	v.挖；掘
	dim	v.使暗淡
	dip	v.浸入；下降
	dish	n.盘；一道菜
do	don	n.大学教师(尤指牛津和剑桥)
	dot	n.小圆点
	doll	n.玩具娃娃
fa	fat	adj.胖的
	fad	n.流行；时尚
	fan	n.扇子；扇状物
	far	adj.远的
fe	fee	n.费用
	few	adj.少；不多
fi	fin	n.鳍
	fit	v.合适；合身
	fix	v.使固定；修理
fo	fog	n.雾
	for	conj. 表示为了什么,为了谁
	fox	n.狐狸
fu	fur	n.动物身上的软毛
	fun	n.乐趣；娱乐

续表

ga	gas	*n*.煤气；石油气
	gag	*n*.堵口物
	gap	*n*.缺口；裂隙
ge	gem	*n*.宝石
	gel	*n*.凝胶；冻胶
	get	*v*.获得；拿
go	god	*n*.神
gu	gun	*n*.枪
	gum	*n*.粘胶；牙龈
ha	hat	*n*.帽子
	ham	*n*.火腿
	hat	*n*.帽子
	hay	*n*.干草
hi	hip	*n*.臀部
	hit	*v*.打；击中
ho	hoe	*n*.锄头
	hop	*v*.单足跳行
	hot	*adj*.热的
hu	hug	*v*.拥抱；搂抱
	hum	*v*.哼曲子

续表

la	lab	n.（口）实验室
	lad	n.男孩儿；小伙子
	lap	n.（坐着时）大腿上方
	law	n.法律
	lay	v.（下）蛋；铺设
le	lea	n.（古）草地
	leg	n.腿
li	lid	n.盖子
	lie	n.谎言
	lip	n.嘴唇
lo	lob	v.发或击高（球）
	log	n.圆木；原木
	loo	n.（口）厕所
	lot	pron. 大量；许多
	low	adj.低的
ma	mad	adj.疯狂的；生气的
	map	n.地图
	mat	n.席
mi	mid	adj.中间的；中部的
	mix	v.混合

续表

mo	mob	*n.*暴民
	mop	*n.*拖把
	moo	*n.*牛叫声
	mow	*v.*割（草等）
mu	mud	*n.*泥浆
	mug	*n.*（有柄）大杯
na	nab	*v.*抓住；捉住
	nag	*v.*不断挑剔或批评
	nap	*n.*小睡
ne	net	*n.*网
	new	*adj.*新的
ni	nib	*n.*钢笔尖
	nip	*v.*咬住；夹住
no	nod	*v.*点头
nu	nun	*n.*修女；尼姑
	nut	*n.*坚果；螺丝帽
pa	pad	*n.*垫料；垫块
	pal	*n.*（口）朋友
	pan	*n.*平底锅
	pat	*v.*轻拍
	paw	*n.*爪子

续表

pe	pea	n.豌豆
	pee	v.（口）小便
	pet	n.宠物
pi	pie	n.馅饼，派
	pin	n.大头针
	pit	n.坑
po	pop	v.发爆破声
	pot	n.锅
pu	pub	n.（口）酒馆
	put	v.放；摆
	pup	n.小狗
ra	rag	n.碎布；破布
	raw	adj.生的；未加工的
	ray	n.光线
	red	adj.红色的
ri	rim	n.（圆形体）边缘
	rib	n.肋骨
	rip	v.撕；扯
	rich	adj.有钱的；富裕的
	rob	v.抢劫
ro	rod	n.棍；棒
	rot	v.腐烂
	row	n.行

续表

sa	sad	adj.悲哀的；难过的
	saw	n.锯
	say	v.说；讲
se	see	v.看；看见
	sea	n.海
	set	n.（一）套；（一）副
	sew	v.（用针线）缝
	sex	n.性别
si	sin	n.（宗教）恶行；罪
	sip	v.小口喝
	sir	n.对男子的礼貌称呼
	sit	v.坐
so	sob	v.啜泣；抽噎
	son	n.儿子
su	sub	n.（口）潜水艇；代用品
	sue	v.控告
	sum	n.总数；算术
ta	tag	n.标签
	tan	n.黄褐色
	tap	n.水龙头
	tar	n.焦油；柏油
	tax	n.税

续表

te	tea	n.茶水
ti	tie	n.领带
	tin	n.罐头；锡
	tip	n.尖端；小费
to	toe	n.脚趾
	ton	n.英吨
	too	adv. 也；又；还；过于
	top	n.顶部
	tot	n.幼儿
	tow	v.（用绳或链）拉；拖
	toy	n.玩具
tu	tub	n.圆形容器; 盆; 桶
	tug	v.用力地拉
wa	wag	n.摇；摆动
	war	n.战争
	wax	n.蜡
	way	n.方向；方法
we	web	n.蜘蛛网
	wed	v.结婚
	wee	adj.小的；细小的
	wet	adj.湿的
wi	wig	v.假发
	win	v.获胜；赢

英语单词练习

brace	n.支架;牙箍	bath	n.沐浴
grace	n.优美	beef	n.牛肉
trace	n.痕迹 / v. 寻找；查出	beer	n.啤酒
abandon	V. 离开；抛弃	bench	n.长凳
about	adv. 大约；差不多	bend	n.弯；拐角
affair	n. 事情；事务	bind	v.捆；绑
album	n. 册；本	bite	v.咬
alone	adv. 单独；独自	boar	n.公野猪
appear	v.出现；显露	boat	n.小船
armor	n. 盔甲	bowl	n.碗
assassin	n. 暗杀者;刺客	bump	v.与某物碰撞
bacon	n. 咸（熏）猪肉	burn	v.烧；燃烧
beard	n.(下巴上的)胡须	bury	v.埋葬
beware	v. 提防；当心	care	v.关心
board	n. 木板；委员会 v. 上（飞机、船等）	cape	n.海角
part	n. 部分；角色	card	n.卡片
lash	n. 鞭子；鞭打；斥责	care	v.关心
class	n. 班；年级；阶级	cart	n.（马或牛拉的）大车
courage	n. 勇气；胆量	catch	v.捉；捉住
bulldog	n. 斗牛狗	scab	n.痂
bully	v. 欺侮；威吓	scar	n.伤疤

续表

bumble	v. 踉跄	cope	v.对付；处理
bunch	n. 串	cube	n.立方体
burden	n. 负担 / v. 使负重担	cutead	adj.逗人喜爱的
cabin	n. (船、飞机) 舱；小屋	damp	adj. 潮湿的
cabinet	n. 橱柜	dent	n.凹痕
clash	v. 冲突；争执	dime	n.（美）1角；10分
bang	v.猛击	fate	n.命运
bank	n.银行；河岸	fade	v.褪色
bare	adj.裸露的	feed	v.喂（食）
feel	v.感觉；触摸	peak	n.顶峰
find	v.找到；发现	pear	n.梨
fine	adj. 美好的	peel	n. (蔬果的)皮
fore	adj. 在前部的		v.成片脱落
form	n.表格纸；形态	peep	v.偷看；
fort	n.城堡		匆匆地看
furl	v.卷紧	pine	n.松树
fund	n.基金	pink	adj.粉红色的
lawn	n.草地	spit	v.吐唾；吐痰
glad	adj. 高兴的；愉快的	pope	n.教皇；教宗
cook	v.煮 n.厨师	spot	n.斑点
coolad	adj.凉的	drag	v.拖

续表

lady	n.女士	draw	v.画
slab	n.厚板	gray	adj.（同grey）灰色的
lead	v.带领；领头	tray	n.大盘；托盘
leaf	n.叶子	ripe	adj.（蔬果）成熟的
leak	v.（指容器）漏	drip	v.滴下
lean	adj.瘦的	robe	n.长袍
chip	n.碎片；碎屑	grow	v.生长
lobe	n.耳垂	brow	n.眉
look	v.看；瞧	drug	n.药品
loop	n.环形；圈		
blow	v.吹		
mate	n.伙伴		
mend	v.修补；修理		
menu	n.餐牌；菜单		
mood moon	n.心情 n.月亮		
snap	v.咬；突然折断		
news	n.新闻		
note	n.笔记		
nuts	adj. 发狂；疯狂		
path pawn	n.小路 v.典当		

英语单词

clone	克隆	heroin	海洛因
cocaine	可卡因	jacket	夹克
mead	蜂蜜酒	golf	高尔夫球
typhoon	台风	jazz	爵士乐
gene	基因	howl	号叫
hum	哼	chocolate	巧克力
coolie	苦力	ballet	芭蕾舞
tank	坦克	cartoon	卡通
champagne	香槟	shark	鲨鱼
lemon	柠檬	saint	圣人
pudding	布丁	model	模特儿
whiskey	威士忌	bowling	保龄球
radar	雷达	bar	酒吧
microphone	麦克风	beer	啤酒
romantic	罗曼蒂克	brandy	白兰地酒

单元十三

英语片语动词记忆法

一、片语动词最常用的动词

1. be	(is, are等)	2. blow	吹
3. break	断，破	4. bring	带来
5. call	叫	6. come	来
7. cut	割	8. fall	跌落，落下
9. get	接到或得到	10. give	给
11. go	去	12. hang	吊
13. hold	拿住，托住	14. keep	保留，继续处于某状态
15. Knock	敲，打	16. let	让，允许
17. look	看，望	18. make	做
19. move	动，移动	20. pass	越过，经过，传
21. pick	挑选，采摘	22. play	玩
23. pull	拉	24. push	推
25. put	放	26. run	跑

续表

27. set	摆放，调整	28. stand	站
29. stay	停留，留下	30. stick	黏住
31. take	拿	32. talk	说
33. throw	丢	34. turn	转
35. work	做工作		

二、片语动词最常用的介词

1.about	差不多，几乎
2.around	到处，在近处，围绕
3.as	像，如
4.at	指某空间的一点
5.away	离
6.back	后退，回到先前的位置
7.down	从高处向下（和up相反，意义为向下移动）
8.for	表示接受某事物 e.g.a letter for you 给你的信
9.from	从

续表

10.in	在……之内
11.into	进入，到……里面
12.of	属于
13.off	(指电器)关掉
14.on	上面
15.out	不在里面，不在某地
16.over	附于（某人、某物）之上并将之部分或全部遮住
17.round	围绕，环绕（某物）
18.through	穿过，贯穿，从一端至另一端
19.to	向，朝
20.up	向上
21.with	和，有

三、如何记片语动词

1. 记牢动词的解释

2. 把介词做成代码

3. 利用串联法、部位法或地点法

4. 阅读例句，增加理解

四、英语介词代码

1. about	(音)爆	12.after	(音)队伍
2. at	(音)act表演	13.off	(音)灯开关
3. as	(音)ass驴	14.down	(音)倒下
4. away	(音)way道路	15.on	(音)上面
5. by	(音)bye拜拜	16.out	(音)出去
6. for	(音)火	17.through	(音)滴露
7. from	(音)狼	18.up	(音)鸭
8. in	(音)英(英国人)	19.over	(音)对讲机
9. into	(音)印度(人)	20.with	(音)whisky威士忌
10.of	(音)恶虎	21.around	圆形
11.to	(音)兔		

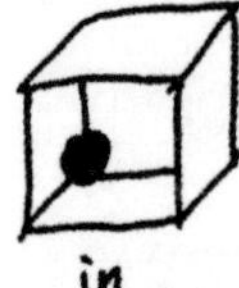

break down	故障，崩溃，破坏	My car broke down on the freeway. 我的车子在高速公路上抛锚了。
break into	潜入，闯入	The thief broke into the house. 小偷闯进这栋房子。
break off	突然停止	The talk broke off. 会谈突然中断。
break one's word	违背承诺，失信	Don' t broke down your word ,Ok? 要守信用，好吗?
break one's back	尽最大努力	I'm breaking my back trying to keep the deadline. 我正尽最大努力，希望如期完成进度。
break the ice	打破僵局	I think I should break the ice first. 我想我应该先打破僵局。
break out	爆发	The war broke out. 战争爆发了。
break up	分手	We broke up. 我们分手了。

call after	传唤	My mother calls after me. 我妈妈在叫我。
call at	到某地作短暂拜访，停靠	Let' s call at his house for a second. 我们拜访他的房子一下吧。
call for	呼叫，需要	Somebody was calling for help. 有人在大声呼救。
call off	停止，取消	The meeting is called off. 会议被取消了。
call on	拜访	I have to call on my uncle before I leave Macaue. 离开澳门之前，我得拜访一下我的叔叔。
call up	打电话给	Can you call him up for me? 你可以帮我打电话给他吗?

hold back	克制	Hold back your temper ,please. 请克制你的脾气。
hold good	有效，适用	The policies hold good in all situations. 这些政策适用于所有情况。
hold off	延缓，抵挡	Hold off for a minute. 稍等一会儿。
hold on	继续	I don’t want to hold on this job any longer. 我不想继续做这份工作了。
hold still	保持（某一姿势）	Please hold still. 请静止不动。
hold up	延迟	The project is held up. 这个计划已经被延迟了。

hold 拿着

on

up back

good

still

off

高尔夫球场

look after	照顾	I'll look after your house while you're on your trip. 你出去旅行时，我愿意替你看房子。
look at	看	She looked at her baby in her arms. 她看着怀抱中的婴儿。
look for	寻找；期待	I'm looking for my dictionary.Do you know where it is? 我在找字典，你知道它在哪里?
look into	调查	His disappearance is being looked into by the police. 他失踪一事警方正在调查。
look on	观看	Why don't you play football instead of just looking on? 你为什么不参加踢足球而只是观看?

on

through

up

after

at

for

out

over

into

眼镜店

look 看

pull down	拉下来，拆毁（房屋等）	Will you pull down the blinds a bit? 你把百叶窗稍稍朝下拉一点好吗?
pull out	拔出	I had a bad tooth pulled out yesterday. 我昨天拔了一只蛀牙。
pull over	把……开到路边	He pulled the car over to the side of the road and stopped. 我把车开到路边，停了下来。
pull up	（使）停下来	The driver pulled up at the gate. 司机在大门前停下车子。

up **pull**

out down

over

门

put aside	把……放在一边；撇开	He put aside his work to spend more time with his son. 他把工作暂时搁下以便有更多的时间陪儿子。
put away	收好；储存	Put away the tools after work, will you? 工作结束后请把工具收拾好。
put down	放下；写下	When I entered, she put down the letter she was reading. 我进去后，她把她正在看的信放在一边。
put forward	1.提出 2.将钟表拨快	He put forward a very good suggestion at the meeting. 他在会上提出了一个很好的建议。
put into	(指船、全体船员等)进入(港口)	The boat put into Lagos for repairs. 那船进了拉各斯港进行检修。

课室 (现场地点)

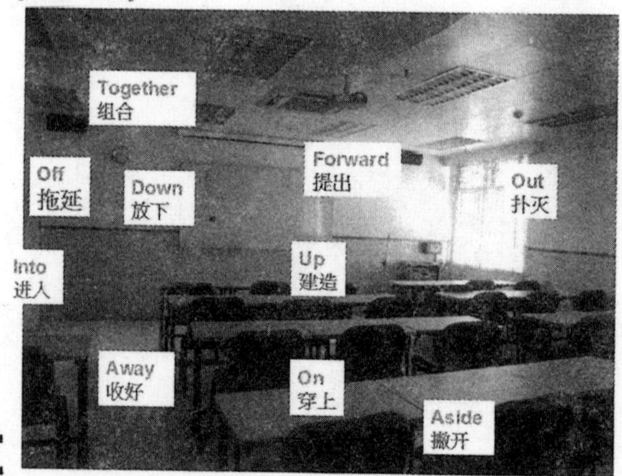

put

put off	延迟；拖延	Don't put off till tomorrow what can be done today. 今天可做的事不要拖到明天再做。
put on	穿上（衣服）	What dress shall I put on for the party? 我穿什么衣服去参加聚会呢?
put out	1.扑火 2.伸出	Put out the fire before going to bed. 睡觉之前先熄掉炉火。
Put... together	组合	It's easier to take a machine apart than to put it together again. 把一个机器拆卸下来要比把它重新组合容易多了。
put up	建造	They are putting up several new houses on our street. 他们在我们这条街上修建了好几栋新房子。

stand back	往后	The big house stands back about half a mile from the main gates. 这栋大房子大约在大门后半英里处。
stand by	1.准备行动 2.支持	The troops are standing by. 部队正严阵以待。
stand down	退出（如竞选中）；退职	The President has stood down after five years in office. 总统执政五年后已经引退。
stand for	1.代表 2.支持	What do the letters N.B.stand for? N.B.这两个字母代表什么？
stand off	远离	At parties, Mr. Jones goes around talking to everyone, but Mrs.Jones is shy and stands off. 在舞会上琼斯先生到处走动与每个人都进行交谈，但琼斯夫人很害羞远离人群。
stand out	1.突出，显著 2.坚持	Fred was very tall and stood out in the crowd. 高大的弗雷德在人群中特别显眼。
stand together	站在一起	I' d like my daughter and wife to stand together in this picture. 我要我的女儿和太太在这张图片里站在一块。

五、习语和表达

1. a bad apple	(一个坏苹果)
2. a big hand	(一只大手)
3. all ears	(全部耳朵)
4. all thumbs	(全部拇指)
5. all eyes and ears	(全部眼和耳)
6. call of nature	(大自然的呼唤)
7. bite the bullet	(咬着子弹)
8. draw the line	(画一条线)
9. go Dutch	(去荷兰人)
10. sell the ass	(卖掉驴子)
11. forty winks	(眨眼四十次)
12. paint the lily	(把水仙花油上颜色)

续表

13. a cat on hot bricks	（热砖上的猫）
14. so long	（很长）
15. Walls have ears	（隔墙有耳）
16. You' re the doctor	（你是医生）
17. watch your tongue	（注意你的舌头）
18. speak of the devil	（说鬼）
19. smell the flowers	（嗅花朵）
20. Do you read me?	（你有读我吗？）
21. I don't buy it	（我不要买）
22. Don't push me!	（别推我！）
23. Business is business	（生意就是生意）

单元十四

人名与脸孔的记忆法

1. 听清楚对方的名字

2. 把名字变得幽默生动

3. 联系脸孔和名字

4. 谈中说出对方名字

5. 利用名片和照片

6. 复习

权亚维　黄晓云　崔　英　张　坤

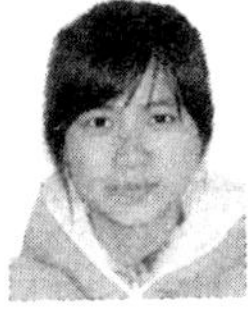

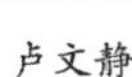

卢文静　乔卫英　王建明　何鹏辉　刘　欣

附 录

世界国家与首都

国家	Country	首都	Capital
阿富汗	Afghanistan	喀布尔	Kabul
阿尔巴尼亚	Albania	地拉那	Tirana
安哥拉	Angola	罗安达	Luanda
阿根廷	Argentina	布宜诺斯艾利斯	Buenos Aires
澳大利亚	Australia	堪培拉	Canberra
奥地利	Austria	维也纳	Vienna
比利时	Belgium	布鲁塞尔	Brussels
巴西	Brazil	巴西利亚	Brasilia
缅甸	Burma	内比都	Naypyidaw
柬埔寨	Cambodia	金边	Phnom Penh
喀麦隆	Cameroon	雅温得	Yaound é
加拿大	Canada	渥太华	Ottawa
智利	Chile	圣地亚哥	Santiago
中国	China	北京	Beijing
哥伦比亚	Colombia	巴哥达	Bogota

续表

国家	Country	首都	Capital
哥斯达黎加	Costa Rica	圣约瑟	San Jose
克罗地亚	Croatia	萨格勒布	Zagreb
丹麦	Denmark	哥本哈根	Copenhagen
埃及	Egypt	开罗	Cairo
埃塞俄比亚	Ethiopia	亚的斯亚贝巴	Addis Ababa
芬兰	Finland	赫尔辛基	Helsinki
法国	France	巴黎	Paris
德国	Germany	柏林	Berlin
加纳	Ghana	阿克拉	Accra
希腊	Greece	雅典	Athens
匈牙利	Hungary	布达佩斯	Budapest
冰岛	Iceland	雷克亚未克	Reykjavik
印度	India	新德里	New Delhi
印度尼西亚	Indonesia	雅加达	Jakarta
爱尔兰	Ireland	都柏林	Dublin
意大利	Italy	罗马	Rome
日本	Japan	东京	Tokyo
肯尼亚	Kenya	内罗毕	Nairobi
老挝	Laos	万象	Vientiane
利比里亚	Liberia	蒙罗维亚	Monrovia

续表

国家	Country	首都	Capital
利比亚	Libya	的黎波里	Tripoli
马达加斯加	Madagasca	安塔那利佛	Antananarivo
马来西亚	Malaysia	吉隆坡	KualaLumpur
马尔代夫	Maldives	马累	Male
马里	Mali	巴马科	Bamako
毛里求斯	Mauritius	路易港	Pontis
墨西哥	Mexico	墨西哥城	Mexico
蒙古	Mongolia	乌兰巴托	Ulaanbaatar
摩洛哥	Morocco	拉巴特	Rabat
尼泊尔	Nepal	加德满都	Kathmandu
荷兰	Netherlands	阿姆斯特丹	Amsterdam
尼日利亚	Nigeria	拉各斯	Abuja
朝鲜	Korea North	平壤	Pyongyang
挪威	Norway	奥斯陆	Oslo
巴基斯坦	Pakistan	伊斯兰堡	Islamabad
巴拉圭	Paraguay	亚松森	Asuncion
秘鲁	Peru	利马	Lima
菲律宾	Philippines	马尼拉	Manila

续表

国家	Country	首都	Capital
波兰	Poland	华沙	Warsaw
葡萄牙	Portugal	里斯本	Lisbon
俄罗斯	Russia	莫斯科	Moscow
新加坡	Singapore	新加坡	Singapore
南非	South Africa	比勒陀利亚	Pretoria
韩国	South Korea	首尔	Seoul
西班牙	Spain	马德里	Madrid
斯里兰卡	Sri Lanka	科伦坡	Colombo
苏丹	Sudan	喀土穆	Khartoum
瑞典	Sweden	斯德哥尔摩	Stockholm
瑞士	Switzerland	伯尔尼	Bern
泰国	Thailand	曼谷	Bangkok
土耳其	Turkey	安卡拉	Ankara
英国	The United Kingdom	伦敦	London
美国	The United States	华盛顿	Washington,D.C.
越南	Vietnam	河内	Hanoi
津巴布韦	Zimbabwe	索尔兹伯里	Harare

中国五十六个民族

1	阿昌族	15	鄂温克族	29	傈僳族	43	水族
2	白族	16	高山族	30	黎族	44	塔吉克族
3	保安族	17	仫佬族	31	满族	45	塔塔尔族
4	布朗族	18	汉族	32	毛南族	46	土家族
5	布依族	19	哈尼族	33	门巴族	47	土族
6	朝鲜族	20	哈萨克族	34	蒙古族	48	佤族
7	达斡尔族	21	赫哲族	35	苗族	49	维吾尔族
8	傣族	22	回族	36	仡佬族	50	乌孜别克族
9	德昂族	23	基诺族	37	纳西族	51	锡伯族
10	东乡族	24	景颇族	38	怒族	52	瑶族
11	侗族	25	京族	39	普米族	53	彝族
12	独龙族	26	柯尔克孜族	40	羌族	54	裕固族
13	鄂伦春族	27	拉祜族	41	撒拉族	55	藏族
14	俄罗斯族	28	珞巴族	42	畲族	56	壮族

曾经主办过奥林匹克运动会的城市名称

1	雅典	2	巴黎	3	圣路易斯	4	伦敦
5	斯德哥尔摩	6	安特卫普	7	阿姆斯特丹	8	洛杉矶
9	柏林	10	赫尔辛基	11	墨尔本	12	罗马
13	东京	14	墨西哥城	15	慕尼黑	16	蒙特利尔
17	莫斯科	18	首尔	19	巴塞罗那	20	亚特兰大

元素周期表

1	氢	H	26	铁	Fe	51	锑	Sb	76	锇	Os
2	氦	He	27	钴	Co	52	碲	Te	77	铱	Ir
3	锂	Li	28	镍	Ni	53	碘	I	78	铂	Pt
4	铍	Be	29	铜	Cu	54	氙	Xe	79	金	Au
5	硼	B	30	锌	Zn	55	铯	Cs	80	汞	Hg
6	碳	C	31	镓	Ga	56	钡	Ba	81	铊	Tl
7	氮	N	32	锗	Ge	57	镧	La	82	铅	Pb
8	氧	O	33	砷	As	58	铈	Ce	83	铋	Bi
9	氟	F	34	硒	Se	59	镨	Pr	84	钋	Po
10	氖	Ne	35	溴	Br	60	钕	Nd	85	砹	At
11	钠	Na	36	氪	Kr	61	钷	Pm	86	氡	Rn
12	镁	Mg	37	铷	Rb	62	钐	Sm	87	钫	Fr
13	铝	Al	38	锶	Sr	63	铕	Eu	88	镭	Ra
14	硅	Si	39	钇	Y	64	钆	Gd	89	锕	Ac
15	磷	P	40	锆	Zr	65	铽	Tb	90	钍	Th
16	硫	S	41	铌	Nb	66	镝	Dy	91	镤	Pa
17	氯	Cl	42	钼	Mo	67	钬	Ho	92	铀	U
18	氩	Ar	43	锝	Tc	68	铒	Er	93	镎	Np
19	钾	K	44	钌	Ru	69	铥	Tm	94	钚	Pu
20	钙	Ca	45	铑	Rh	70	镱	Yb	95	镅	Am
21	钪	Sc	46	钯	Pd	71	镥	Lu	96	锔	Cm
22	钛	Ti	47	银	Ag	72	铪	Hf	97	锫	Bk
23	钒	V	48	镉	Cd	73	钽	Ta	98	锎	Cf
24	铬	Cr	49	铟	In	74	钨	W	99	锿	Es
25	锰	Mn	50	锡	Sn	75	铼	Re	100	镄	Fm

千位圆周率

3.1415926535 8979323846 2643383279 5028841971 6939937510
5820974944 5923078164 0628620899 8628034825 3421170679
8214808651 3282306647 0938446095 5058223172 5359408128
4811174502 8410270193 8521105559 6446229489 5493038196
4428810975 6659334461 2847564823 3786783165 2712019091
4564856692 3460348610 4543266482 1339360726 0249141273
7245870066 0631558817 4881520920 9628292540 9171536436
7892590360 0113305305 4882046652 1384146951 9415116094
3305727036 5759591953 0921861173 8193261179 3105118548
0744623799 6274956735 1885752724 8912279381 8301194912
9833673362 4406566430 8602139494 6395224737 1907021798
6094370277 0539217176 2931767523 8467481846 7669405132
0005681271 4526356082 7785771342 7577896091 7363717872
1468440901 2249534301 4654958537 1050792279 6892589235
4201995611 2129021960 8640344181 5981362977 4771309960
5187072113 4999999837 2978049951 0597317328 1609631859
5024459455 3469083026 4252230825 3344685035 2619311881
7101000313 7838752886 5875332083 8142061717 7669147303
5982534904 2875546873 1159562863 8823537875 9375195778
1857780532 1712268066 1300192787 6611195909 2164201989

学 弈

弈秋，通国之善弈者也。使弈秋诲二人弈，其一人专心致志，惟弈秋之为听；一人虽听之，一心以为有鸿鹄将至，思援弓缴而射之。虽与之俱学，弗若之矣。为是其智弗若与?曰：非然也。

两小儿辩日

孔子东游，见两小儿辩斗，问其故。

一儿曰："我以日始出时去人近，而日中时远也。"

一儿以日初出远，而日中时近也。

一儿曰："日初出大如车盖，及日中则如盘盂，此不为远者小而近者大乎？"

一儿曰："日初出沧沧凉凉，及其日中如探汤，此不为近者热而远者凉乎？"

孔子不能决也。

两小儿笑曰："孰为汝多知乎？"

雨巷

戴望舒

撑着油纸伞，独自
彷徨在悠长、悠长
又寂寥的雨巷
我希望逢着
一个丁香一样的
结着愁怨的姑娘
她是有
丁香一样的颜色
丁香一样的芬芳
丁香一样的忧愁
在雨中哀怨
哀怨又彷徨
她彷徨在这寂寥的雨巷
撑着油纸伞
像我一样
像我一样地
默默彳亍着
冷漠、凄清，又惆怅
她默默地走近
走近，又投出
太息一般的眼光

她飘过
像梦一般的
像梦一般地凄婉迷茫
像梦中飘过
一枝丁香的
我身旁飘过这女郎
她静默地远了、远了
到了颓圮的篱墙
走尽这雨巷
在雨的哀曲里
消了她的颜色
散了她的芬芳
消散了，甚至她的
太息般的眼光
丁香般的惆怅
撑着油纸伞，独自
彷徨在悠长、悠长
又寂寥的雨巷
我希望飘过
一个丁香一样的
结着愁怨的姑娘

弟子规

总　叙

弟子规 圣人训 首孝弟 次谨信 泛爱众 而亲仁 有余力 则学文

入则孝

父母呼 应勿缓 父母命 行勿懒 父母教 须敬听 父母责 须顺承

冬则温 夏则凊 晨则省 昏则定 出必告 反必面 居有常 业无变

事虽小 勿擅为 苟擅为 子道亏 物虽小 勿私藏 苟私藏 亲心伤

亲所好 力为具 亲所恶 谨为去 身有伤 贻亲忧 德有伤 贻亲羞

亲爱我 孝何难 亲憎我 孝方贤 亲有过 谏使更 怡吾色 柔吾声

谏不入 悦复谏 号泣随 挞无怨 亲有疾 药先尝 昼夜侍 不离床

丧三年 常悲咽 居处变 酒肉绝 丧尽礼 祭尽诚 事死者 如事生

出则弟

兄道友 弟道恭 兄弟睦 孝在中 财物轻 怨何生 言语忍 忿自泯

或饮食 或坐走 长者先 幼者后 长呼人 即代叫 人不在 己即到

称尊长 勿呼名 对尊长 勿见能 路遇长 疾趋揖 长无言 退恭立

骑下马 乘下车 过犹待 百步余 长者立 幼勿坐 长者坐 命乃坐

尊长前 声要低 低不闻 却非宜 近必趋 退必迟 问起对 视勿移

事诸父 如事父 事诸兄 如事兄

谨

朝起早 夜眠迟 老易至 惜此时 晨必盥 兼漱口 便溺回 辄净手

冠必正 纽必结 袜与履 俱紧切 置冠服 有定位 勿乱顿 致污秽

衣贵洁 不贵华 上循分 下称家 对饮食 勿拣择 食适可 勿过则

年方少 勿饮酒 饮酒醉 最为丑 步从容 立端正 揖深圆 拜恭敬

勿践阈 勿跛倚 勿箕踞 勿摇髀 缓揭帘 勿有声 宽转弯 勿触棱

执虚器 如执盈 入虚室 如有人 事勿忙 忙多错 勿畏难 勿轻略

斗闹场 绝勿近 邪僻事 绝勿问 将入门 问孰存 将上堂 声必扬

人问谁 对以名 吾与我 不分明 用人物 须明求 倘不问 即为偷

借人物 及时还 后有急 借不难

信

凡出言 信为先 诈与妄 奚可焉 话说多 不如少 惟其是 勿佞巧
奸巧语 秽污词 市井气 切戒之 见未真 勿轻言 知未的 勿轻传
事非宜 勿轻诺 苟轻诺 进退错 凡道字 重且舒 勿急疾 勿模糊
彼说长 此说短 不关己 莫闲管 见人善 即思齐 纵去远 以渐跻
见人恶 即内省 有则改 无加警 唯德学 唯才艺 不如人 当自砺
若衣服 若饮食 不如人 勿生戚 闻过怒 闻誉乐 损友来 益友却
闻誉恐 闻过欣 直谅士 渐相亲 无心非 名为错 有心非 名为恶
过能改 归于无 倘掩饰 增一辜

泛爱众

凡是人 皆须爱 天同覆 地同载 行高者 名自高 人所重 非貌高
才大者 望自大 人所服 非言大 己有能 勿自私 人所能 勿轻訾
勿谄富 勿骄贫 勿厌故 勿喜新 人不闲 勿事搅 人不安 勿话扰
人有短 切莫揭 人有私 切莫说 道人善 即是善 人知之 愈思勉
扬人恶 既是恶 疾之甚 祸且作 善相劝 德皆建 过不规 道两亏

凡取与 贵分晓 与宜多 取宜少 将加人 先问己 己不欲 即速已
恩欲报 怨欲忘 报怨短 报恩长 待婢仆 身贵端 虽贵端 慈而宽
势服人 心不然 理服人 方无言

亲　仁

同是人 类不齐 流俗众 仁者希 果仁者 人多畏 言不讳 色不媚
能亲仁 无限好 德日进 过日少 不亲仁 无限害 小人进 百事坏

余力学文

不力行 但学文 长浮华 成何人 但力行 不学文 任己见 昧理真
读书法 有三到 心眼口 信皆要 方读此 勿慕彼 此未终 彼勿起
宽为限 紧用功 工夫到 滞塞通 心有疑 随札记 就人问 求确义
房室清 墙壁净 几案洁 笔砚正 墨磨偏 心不端 字不敬 心先病
列典籍 有定处 读看毕 还原处 虽有急 卷束齐 有缺坏 就补之
非圣书 屏勿视 敝聪明 坏心志 勿自暴 勿自弃 圣与贤 可驯致

蜀道难

〔唐〕李　白

噫吁嚱，危乎高哉！

蜀道之难，难于上青天。

蚕丛及鱼凫，开国何茫然。

尔来四万八千岁，不与秦塞通人烟。

西当太白有鸟道，可以横绝峨眉巅。

地崩山摧壮士死，然后天梯石栈相钩连。

上有六龙回日之高标，下有冲波逆折之回川。

黄鹤之飞尚不得过，猿猱欲度愁攀援。

青泥何盘盘，百步九折萦岩峦。

扪参历井仰胁息，以手抚膺坐长叹。

问君西游何时还？畏途巉岩不可攀。

但见悲鸟号古木，雄飞雌从绕林间。

又闻子规啼夜月，愁空山。

蜀道之难，难于上青天，使人听此凋朱颜。

连峰去天不盈尺，枯松倒挂倚绝壁。

飞湍瀑流争喧豗，砯崖转石万壑雷。

其险也如此，嗟尔远道之人胡为乎来哉！

剑阁峥嵘而崔嵬，一夫当关，万夫莫开。

所守或匪亲，化为狼与豺。

朝避猛虎，夕避长蛇， 磨牙吮血，杀人如麻。

锦城虽云乐，不如早还家。

蜀道之难，难于上青天，侧身西望长咨嗟！

演讲稿的记忆

林肯在葛底斯堡的演讲

（美国文学中最漂亮、最富有诗意的文章之一，用时不到2分钟）

87年以前，我们的祖先在这块大陆上创立了一个孕育于自由的新国家。他们主张人人生而平等，并为此献身。

现在我们正进行一场伟大的内战，这是一场检验这一国家或者任何一个像我们这样孕育于自由并信守其主张的国家是否能长久存在的战争。我们聚集在这场战争中的一个伟大战场上，将这个战场上的一块土地奉献给那些在此地为了这个国家的生存而牺牲了自己生命的人，作为他们的最终安息之所。我们这样做是完全适当和正确的。

可是，从更广的意义上说，我们并不能奉献这块土地——我们不能使之神圣——我们也不能使之光荣。因为那些在此地奋战过的勇士们，不论是还活着的或是已死去的，已经使这块土地神圣了，远非我们微薄的力量所能予以增减的。世人将不大会注意，更不会长久记住我们在这里所说的话，然而，他们将永远不会忘记这些勇士在这里所做的事。相反地，我们活着的人，应该献身于勇士们未竟的工作，那些曾在此地战斗过的人们已经把这项工作英勇地向前推进了。我们应该献身于留在我们面前的伟大任务——由于他们的光荣牺牲，我们会更加献身于他们为之奉献了最后一切的事业——我们要下定决心使那些死去的人不致白白牺牲——我们要使这个国家在上帝的庇佑下，获得自由的新生——我们要使这个民主、民治、民享的政府不致从地球上消失。

片语动词补充资料

英语词组	中文解释	例　句
Agree on	对……意见一致	We agree on this matter. 我们对这件事的看法一致。
agree to	赞同，允诺	Will you agree to my suggestion? 你会赞同我的建议吗？
agree with	一致，同意于（人或事）	I don't agree with you on this deal. 这个协议我跟你的看法不同。
bring about	引起，导致	The heavy rain brought about a flood. 大雨造成水灾。
bring out	推出（新产品），推销	They will bring out a new model of car next year. 他们明年要推出这辆新车。
bring to life	使……恢复知觉，苏醒	The doctor brought the child to life. 医生让这个孩子恢复知觉。
bring up	1.提起；2.养育	Bring up these issues later in our meeting. 待会开会的时候，把这些议题给揪出来。
bring mind to	想起	Several possibilities bring to mind. 我想到有几种可能性。
bring to an end	使……结束	You can bring the argue to the end. 你可以平息这场纷争。
bring to light	发表,公开	The teacher brought to light many interesting concepts. 这位老师发表了很多有趣的观念。
catch at	抓住	I try to catch at your point. 我试着抓住你的重点。
catch cold	感冒	I caught a cold last week. 我上星期感冒了。
catch fire	着火	The papers couldn't catch fire itself. 纸张不可能自己着火。
catch up	追上	Hurry up! Catch up with the bus. 快一点！赶紧追上公车。

续表

catch on	理解	I can't catch on what you are doing. 我不知道你在做什么。
come between	介入……之间	It's between my boyfriend and me, Don't come between us. 这是我跟我男朋友之间的事，请不要介入我们。
come by	获得，得到	How did you come by this tool? 你怎么得到这件工具的?
come forward	站出来，自告奋勇	Nobody has come forward. 还没有人站出来。
come from	来自……地方	Where do you come from? 你从哪里来的?
come off	脱落	A button of my clothes came off. 我衣服上的一颗扣子掉了。
come out	出现，上映	When will your new product come out? 你的新产品何时上市?
come to	总计	The bill comes to $5000. 账单总计是5000美元整。
come true	实现	My dream to visit Italy came true. 我拜访意大利的梦想实现了。
cut in	插入	Don't cut in line. 不要插队。
cut off	中断	The road is cut off here. 路到这边就断了。
fall for	迷恋	I totally fall for you. 我完全迷恋上你了。
fall on	跌倒	He fall on his knee. 他跌倒了，双脚落地。
get about	到处走动	People are getting about much more than they used to. 人们旅行比过去多得多。
get across	横过，到达对面	It's much safer to get across the road at the traffic lights。 有红绿灯，过马路安全多了。
get ahead	进步，超越，成功	He is getting ahead in the class now. 他现在在班上进步很多。
get along	过活，度日，相处	How can you get along for days without drinking water? 你怎么可以不喝水就这样过这么多天?

续表

get at	达到，触及，发现	Put the food where he can't get at it. 把食物放在他拿不到的地方。
get down	记录	Get down her words. 记下她所说的话。
get off	下车	Please get off the car. 请下车。
get on	搭乘	Get on the bus. 搭上公车吧。
get out	出去	Please get out right away. 请马上出去。
get over	克服（困难），结果	You must get over your fear of heights. 你必须克服对高处的恐惧。
get through	完成，考试及格	I am happy that I got through the exam. 我很高兴我通过考试了。
get to	到达，得到	How did you get to the library? 你怎么到图书馆的?
get together	聚在一起	Let's get together sometimes. 找个时间出来聚聚吧。
get up	起床	What time do you usually get up? 你通常几点起床?
get well	恢复健康	Hope you are getting well soon. 希望你很快恢复健康。
give away	赠送	They are giving away free gifts. 他们正在赠送免费的礼物。
give... in	交（考卷）	Give your examination papers in. 把考卷交上来。
give off	发出（响声、气味等）	The dirty laundry gives off a horrible sell. 这些脏衣服发出难闻的气味。
give out	分发	Give out the exam paper. 把考试卷给发下去。
give over	停止，取消	Do give over. I am tired of your complaints. 不要再说了，我很讨厌听你抱怨。
give up	放弃，停止	Don't give up. 不要放弃。

续表

give about	到处走动	Don't go about the room. Find somewhere to sit. 不要在房间里到处走动，找个位置坐下吧。
go by	经过，（时间）过去	Time goes by so quickly. 时间过得太快。
go far	大有成就	I'll go far someday. 有一天我会大有成就。
go into	开始，从事（实业职业）	I plan to go into marketing. 我打算进入市场行销的领域。
go off	（警报）响起	The alarm went off at seven this morning. 闹钟今天早上7点响了起来。
go on	继续	Please go on with your topic. 请继续你的话题。
go out	1.熄灭；2.出门	The fire will go out soon. 火很快会熄灭。
go over	复习，察看	I'll go over what I have learned tonight. 今天晚上我会把学习过的复习一遍。
go round	巡回，绕道	The moon always goes round the earth. 月亮总是绕着地球转。
go through	经历	I am going through a lot of stress lately. 我最近有很多的压力。
go up	1.上涨；2.建立	The stock price has gone up. 股票的价钱上涨了。
go with	伴随，与……相配	Good performance is always goes with hard work. 好的表现总是伴随着辛勤的工作而来。
go without	没有……也可以	If there is no sugar, you can go without it. 如果没有糖，不用也可以。
hand down	将习惯或传统传给后代	I'm handing down our family tradition to my children. 我把我们家的习俗传给孩子。
hand in	交出，缴交	Hand in your exam. 把考试卷交出来吧。
hang on	支持下去	Hang on to it. 坚持下去。
hang over	交出，把……送交	The thief was handed over to the police. 小偷已经交由警方处理了。

续表

jump on	跳上	Let's jump on the scooter. 我们跳上这台机车吧。
jump at	迫不及待地欣然接受	I jumped at the chance to work aboard. 我欣然接受出国工作的机会。
lay off	解雇	500 men were laid off work when the factory closed after the fire. 工厂失火关闭后，有500人被解雇。
keep at	坚持做下去	I will keep at this job. 我会坚持这工作。
keep from	1.使避免； 2.对……隐瞒；忍住	I have to keep it from happening again. 我得避免这件事再度发生。
keep off	让开；不接近	Please keep off the grass. 请勿接近草皮。
keep on	不接近，节制，避开	I will keep on trying. 我会继续努力。
keep to	继续，前进	Please keep to the subject. 请别离题。
keep up	使不离开，使局限于	Keep up with the good job. 好好加油。
kick around	加油，保持原状，继续不停	They kicked him around until he ran away. 他们虐待他，最后他逃走了。
kick off	粗暴对待	He entered the room and kicked off his shoes. 他走进屋子，把鞋踢掉。
kick out	踢脱（鞋等）；解雇	The boss kicked him out for an offensive remark. 老板因为他说了一句冒犯的话就把他开除了。
kick up	抬高	He kicked the bid up another thousand. 他把出价又抬高了一千元。
leave about	乱扔	Don't leave your books about. 别把你的书到处乱丢。
leave behind	留下，忘了带，落后	Take care not to leave anything behind. 当心别丢下东西。
leave for	（离开某地）到某地去	I will leave for England tomorrow morning. 我明天早晨转身去英国。
leave off	停止	Has the rain left off yet? 雨停了没有？

续表

leave out	遗漏	He left his bicycle out at night. 晚上他把自行车留在外面。
make believe	假装	Let's make believe we are Indians. 让我们来装作印第安人吧。
make for	走向	It started raining, so she made for the nearest shelter. 天开始下雨了，于是她快步朝最近的避雨处走去。
make friends	交朋友	Jo can make friends with everyone in his office. 乔可以和她办公室的每一个人做朋友。
make good	补偿	The damage caused to my car must be made good. 对我的车所造成的损坏必须予以补偿。
make it	成功，及时赶到	"You have just 20 minutes to catch your train." "All right, I guess I can make it." "你只有二十分钟去赶乘这趟火车。 "没关系，我想我赶得上。"
make out	写出，填写	Make out a cheque for £10. 开出一张10英镑的支票。
make sense	颇具意义	She doesn't talk much, but what she says makes sense. 她讲话不多，但言之有理。
make sure	确定	Make sure that you lock the door when you leave. 你走时务必要把门锁上。
make waves	制造麻烦，兴风作浪	Whatever you do, don't make waves. 你干什么都行，可别兴风作浪惹麻烦。
pass as	冒充，被当作	I always pass as a young boy. 我常常被当作小男孩。
pass away	（委婉语）去世	Grandpa passed away last night at midnight. 祖父昨晚子时过世。
pass by	经过；过去	A bus has just passed by. 一辆公车刚刚过去。
pass on	传递	Would you pass it on to the next person? 把它传给下一个人好吗?
pick at	挑毛病	Why are you always picking at me? 你为什么老是挑我的毛病?
pick off	摘掉；取走	You should not pick off any of the flowers. 你不应该摘花。

续表

pick on	[口]对……唠叨；指责	Why pick on me every time? 为什么每次都怪我？
pick out	辨认出	It's easy to pick him out in a crowd because he is very tall. 他很高，所以很容易从人群中辨认出来。
pick over	检查挑选	She is picking over a basket of oranges. 她正在拣选一篮橘子。
pick up	拾起	The boy picked up the hat for the old man. 男孩替老人拾起了帽子。
pull down	拉下来，拆毁（房屋等）	Will you pull down the blinds a bit? 你把百叶窗稍稍朝下拉一点好吗？
pull out	拔出	I had a bad tooth pulled out yesterday. 我昨天拔了一颗蛀牙。
pull over	把……开到路边	He pulled the car over to the side of the road and stopped. 他把车开到路边，停了下来。
pull up	（使）停下来	The driver pulled up at the gate. 司机在大门前停下车子。
run across	意外找到，偶然遇见	She ran across him accidentally at the party. 她偶然在晚会上碰见了他。
run after	追逐，追求	She runs after every good-looking man she meets. 凡是漂亮的男子，她见一个追一个。
run away	逃走	Don't run away. I shall not eat you. 不要逃走，我又不吃你。
run into	撞上；碰巧	The car got out of control and run into a wall. 汽车失去控制，而撞到墙上去了。
run on	喋喋不休	He will run on for hours about his troubles. 关于他的麻烦事他会喋喋不休几个小时。
run out	用完，耗尽	Our stores are running out. 我们储存的东西快用完了。
see off	为……送行；向……告别	We all went to the airport to see her off. 我们都去飞机场为她送行了。
set off	出发；使爆发	They have set off on a journey round the world. 他们已出发做环球旅行。
settle down	（使）平静下来； （使）坐定，坐稳； 安心下来	She has settled down to write an article. 她已静下心来写文章。

续表

show up	出现，露面；揭露；出席	The detective put a chemical on the paper, and the finger tips showed up. 那侦探把化学药品倒在纸上，使指纹显露出来了。
spend on	花（钱），花费	I spent $100 on the bike. 我花了100美元买下那辆自行车。
take after	像；与……相似	I take after my father. 我跟我爸爸很像。
take apart	拆卸，拆开	The machine has already been taken apart. 机器已被拆开。
take...as	当作	Please don't take it as an offense. 请不要认为冒犯到你了。
take...away	带走；拿走	Who took away my pen? 谁拿走了我的钢笔?
take...back	拿回；收回	She finally took back her words. 她最终收回了自己的话。
take down	拆下，记下，收下	He took down her speech. 他记下了她的演说。
take....for	误认	Why does she take me for a fool? 她为什么把我当作傻子看待?
take in	1.收纳，收容; 2.改小（衣物）	The club took in a new member last week. 俱乐部上星期又吸收了一名新会员。
take off	脱下，起飞	He took off his raincoat and took out the key. 他脱下雨衣，拿出钥匙。
take on	承担（工作）	He is unwilling to take on heavy responsibilities. 他不愿承担重任。
take over	商议，讨论	Miss Smith is leaving to get married and Miss Jones will be taking over the class. 史密斯小姐即将离开去结婚，琼斯小姐将来接替这个班。
take pains	费力，劳神	She took great pains to prevent her work from spoiling her hands. 她特别注意不使她的工作损坏她的双手。
take part in	参加	How many countries will be taking part in the World Cup? 有多少国家将会参加世界杯?
take place	举行，发生	The dance will take place after the graduation ceremony. 毕业典礼之后将举行舞会。

续表

take turns	轮流	Mary and Helen took turns sitting up with their sick mother. 玛丽和海伦轮流照顾她们生病的妈妈。
turn against	反对，不利于	I took against him at first sight. 第一次见面我对他印象就不好。
turn away	拿走	What takes you away so early? 你为什么这么早就要走?
turn...down	关小音量	We usually turn down the heat before going to bed. 睡觉前，我们通常把暖气调低一些。
turn...in	呈缴	When the football season was over, we turned in our uniforms. 踢足球的季节过去之后，我们就把运动服上缴了。
turn...into	使变成	They are turning waste land into paddy fields. 他们正在使荒地变为稻田。
turn...out	关掉，生产	They turn out more than a thousand cars a month. 他们一个月生产一千多辆汽车。
turn off	关闭	Turn off the light before you leave. 离开前请把灯关掉。
turn to	1.求助于 2.（把书）翻到	She always turns to him when she is in real trouble. 她有实际困难时总是向他救援。
view as	把……当作是	First-generation Americans view the United States as a land of golden opportunity. 第一代的美国人把美国当作充满机会的土地。
watch out	留心，小心	Watch out! There is danger ahead. 小心，前面有危险。
wear out	穿破；耗尽	I wore out two pairs of boots on the walking tour. 我徒步旅行穿坏了两双靴子。
work off	排除，发泄	He has no money, but he is willing to work off his check by doing dishes. 他没有钱，不过他愿意用洗碗来偿付欠款。
work out	1.计算; 2.做大运动量的锻炼	The area can easily be worked out if you know the length and the width. 如果你知道长度和宽度，面积很容易计算出来。
work up	逐步建立，逐步发展	They have worked up the factory from almost nothing. 他们几乎白手起家逐步建立起那个工厂。

地理资料

	土地资源开发与商品粮基地的建设
黑土	黑土培肥主要是增施有机物料（施有机肥、草肥，种植绿肥、牧草，秸秆还田）
沼泽土	分布：位于黑龙江省东北部的三江平原（由黑龙江、松花江和乌苏里江冲积而形成的低平原），是中国面积最大的沼泽区 形成原因：气候冷湿，地势低洼平坦，有季节性冻土和多年冷土层分布，地面下渗缓慢、排水不良，形成草甸和沼泽 作用：东北地区陆地生态系统中的重要组成部分，是蓄水池、水源地，可调节气候，保护和改善生态环境 东北的沼泽是我国丹顶鹤、天鹅等的栖息地，沼泽植物是一项重要的资源
全国最大的商品粮基地	
主要粮食作物：小麦（细粮作物，主要分布在生长季节较短的北部地区，以三江平原、松嫩平原北部最为集中），水稻（细粮作物，多种植在东部山区的山间河谷盆地和辽河、松花江流域的大型灌区），玉米（以中部松辽平原最为集中）、高粱、谷子（东北三大杂粮作物）等。	
主要经济作物：大豆、甜菜、亚麻等（松嫩平原和三江平原是我国最重要的商品粮基地）	
东北农业基地的综合开发	1.继续发展种植业，不断提高种植业本身生产能力（依靠科技提高单产） 2.树立大农业观念，大力发展养殖业 3.发展农产品加工业，使农业向产业化方向发展

续表

森林资源的合理利用与保护	
三大林区之首，全国最大的木材供应基地；大、小兴安岭和长白山是我国最大的天然林区；黑龙江省是我国最大的木材基地以及最大的木材调出省	
森林破坏表现	采育失调（采伐大于更新，资源减少，林质下降，有林地面积逐年减少）； 森林覆盖率下降，生态环境日趋恶化，风沙、旱涝贫乏，珍稀动物濒临灭绝 东北地区目前采伐以皆伐（被采伐的林地不分树龄全部伐掉）为主（皆伐优点：省工，便于机械化作业，成本低。弊端：对森林资源造成严重浪费，不利于森林的天然更新）
森林的合理利用与保护	坚持合理采伐（坚持以蓄积量定采伐量） 积极营造人工林（以落叶松和杨树为主的速生丰产林） 促进珍贵树种的更新（红松） 提高木材的综合利用率（利用木材剩余物生产纤维板、刨花板、纸浆、建筑材料和家具） 加强自然保护区建设，保护生态环境和防止生态环境的恶化
森林资源的综合开发：发展木材采运业和木材加工业，采集、养殖、栽培	
长白山地的吉林省安图县——“山上建基地，山下搞加工，科技创高效”的格局先后建立了四大基地：林蛙养殖基地、天然红松果林基地、药材和山野菜基地、梅花鹿养殖基地 针对四大基地产品开发四个系列：木质品、矿泉果酒饮品、林蛙油保健品、山野菜保鲜制品	
海南岛的开发	
地形	全岛近似椭圆形，地形中高周低，由山地、丘陵、台地、平原组成环形层状地貌 好处：土地利用类型多种多样，环带产业布局的基础
气候	热带季风气候 特点： 全年高温：年日照时数在2000小时以上；日均温≥10℃，积温达到8400~9200℃；最冷月平均气温超过16℃，最热月气温在25~29℃之间 降水：季节变化显著（夏、秋多台风雨）；空间分布不均（东多西少） ——一年三熟

续表

地理区位优势	● 位于华南和西南陆地国土和海洋国土的接合部 （好处：是大西南走向世界的前沿，又是开发利用南海资源的基地） ● 靠近经济发达区（香港、台湾、“珠三角”、东南亚） （好处：腹地广阔，受经济发达区的辐射作用，带动经济发展） ● 交通位置重要（位于西太平洋环形带上，处在日本到新加坡的中段，直接面向东南亚，靠近国际深水航道，连接亚洲和大洋洲、太平洋和印度洋，是我国通往东南亚、印度洋，直到非洲、欧洲的海上通道，海运交通位置重要） （好处：海南是联系外界的必经之路，便于发展外向型经济）
政策优势	1988年，划定海南岛为海南经济特区
	海南岛的开发
热带资源优势	我国最大的热带物种基因库，发展热带高效农业 在原始的热带雨林和热带季雨林中，有许多植物和动物，很多是珍稀物种（云南的西双版纳也有热带季雨林） 农田终年可种 受季风影响，热带作物在冬春季节需要注意低温危害 夏秋季节台风活动旺盛，破坏力较大，但带来的降水占全年的1/3以上
海洋资源优势	海南省是全国海洋面积最大的省份，管辖海域面积占全国海洋国土的2/3 生物资源［丰富的鱼类、藻类、虾类、贝螺类；海洋生态系统（包括红树林、珊瑚礁、河口等多种类型）能提供丰富的食品资源，还是极佳的旅游观赏区］ 渔业资源（我国发展热带海洋渔业的基地，渔场具有品种多、生长快、鱼汛期长等特点；海南岛的浅海、滩涂面积广大，海湾多，适宜发展人工养殖业） 油气资源（天然气和石油储量可与波斯湾媲美；近期勘探主要集中在沿海南岛的近海，南海南部勘探程度较低） 旅游资源［沿海浴场和滨海，海下热带景观（珊瑚礁、热带鱼群），椰林风光、红树林、热带雨林、热带作物园和自然保护区］ 空间资源（海岛众多，南海海域有大小岛礁600多个，较大的岛屿有可能开发成为海上渔业补给、贸易、旅游以及热带海洋科学研究与试验基地）
	海南岛自然环境分布特点：环带状分布（受地势高低和离海远近的影响）

续表

<table>
<tr><td rowspan="7">合理布局产业</td><td colspan="5">位于海陆交界处的海岸带，是重点开发地带</td></tr>
<tr><td>环境资源特征</td><td colspan="2">1.经济基础和运输条件较好
2.旅游资源丰富</td><td>1.建设港口，建设工业加工区
2.发展旅游业</td><td>产业布局</td></tr>
<tr><td colspan="5">丘陵和台地环带是海南岛面积最大的环带，适宜发展热带农业</td></tr>
<tr><td>特征</td><td>地形平坦，土壤较好</td><td colspan="2">通过兴修水利工程，可建成热带农业基地</td><td>布局</td></tr>
<tr><td colspan="5">山地丘陵带位于海南岛中部偏南</td></tr>
<tr><td rowspan="2">特征</td><td>1.少数民族聚居地区</td><td colspan="2">1.发展热带山区自然景观和民族风情旅游业</td><td rowspan="2">布局</td></tr>
<tr><td colspan="2">2.生物物种资源丰富，河流发源地</td><td>2.配置具有山区特色的工业</td></tr>
<tr><td rowspan="2">发展特色经济</td><td colspan="5">工业：发展现代大工业体系，逐步建成以港口加工区和重化工业为依托的西部工业走廊，大力发展生态型工业和高技术产业
农业：是我国最大的热带作物基地，也是北方各省前来育种的基地；建设具有市场需求的商品生产加工基地，面向国内市场和出口创汇，继续抓好橡胶生产基地的建设，开发新的优势热带作物品种
旅游业：突出热带海滨和岛屿以及少数民族风情特色，建设生态旅游区，发展海洋生态游、热带雨林考察游；以国内市场为基础，开拓港澳和国外市场，积极发展出境旅游</td></tr>
<tr><td colspan="5">原则：把海南岛的优势与国家需要、市场需求紧密结合起来，建立开放型经济体系</td></tr>
<tr><td>海洋环境保护</td><td colspan="5">扶持生态环保产业的发展
提高公众环境意识（鼓励参与环保，减少和杜绝人为破坏；禁止开采近海珊瑚礁，保护并适当扩大红树林面积，建设环岛防护林带——减轻风暴潮的威胁和损失，阻挡海浪侵蚀海岸，保护生物多样性）
加强海洋环境的管理和监测</td></tr>
<tr><td colspan="6">西气东输</td></tr>
<tr><td>原因</td><td colspan="5">1. 能源资源生产和消费地区差异显著
（1）东部沿海地区经济发达，对能源需求量大，但能源贫乏，需靠区外供给
（2）西部地区经济水平落后，对能源需求量小，但能源丰富，且开发利用程度低</td></tr>
</table>

续表

<table>
<tr><td>原因</td><td>2. 能源消费结构调整的需求
（1）环境污染（可吸入颗粒物是我国主要大气污染物；燃煤产生大量二氧化硫造成酸雨；煤的堆放、燃烧的废渣也会造成环境污染）
（2）北煤南运给我国的铁路和公路运输造成了很大的压力
（3）天然气资源的优点（清洁、使用方便、燃烧效率高、比较价格低）</td></tr>
<tr><td colspan="2">我国天然气资源分布的总体特征：西多东少、北多南少
陆上四大气区：新疆（塔里木盆地、准噶尔盆地）、青海（柴达木盆地）、川渝（四川盆地）和陕甘宁的鄂尔多斯
西部地区成为我国油气工业新的战略接替区（“稳定东部，发展西部”的油气发展战略）</td></tr>
<tr><td colspan="2">西气东输路线：西起新疆塔里木盆地中的轮南油气田，途经甘肃河西走廊、宁、陕、晋、豫、皖、苏，东到上海市</td></tr>
<tr><td colspan="2">西气东输建设：1.天然气开发建设　2.主干管道建设　3.用户管网建设</td></tr>
<tr><td>对西部地区的影响</td><td>1.推动中西部地区天然气勘探开发和管道等基础设施建设，增加就业机会，并强力拉动相关产业的发展
2.可以将西部地区的资源优势转变成经济优势，使之成为当地的一个新的经济增长点</td></tr>
<tr><td>对东部地区的影响</td><td>1.缓解东部地区能源紧张的状况，优化东部地区能源的消费结构
2.推动相关产业（天然气化工、发电等）的发展及用户管网等基础设施建设</td></tr>
<tr><td>对区域发展的影响</td><td>1.有利于调配能源资源地域分配不均的状况
2.优化我国以煤炭为主的能源消费结构
3.改善沿线主要城市的大气质量，促进区域的协调发展
4.提高资源的利用效率
5.促进东、西部区域的协调发展
6.为沿途各省的发展创契机
7.激活沿途省区相关产业（钢铁、建筑、建材、运输、商业、水泥、土建安装和机械电子等）的发展潜力</td></tr>
<tr><td>对环境影响</td><td>1.有利于改善东部地区的大气质量
2.严格环保的要求，最大限度减少对沿线地区生态环境的影响
3.减少农民对薪柴的需求，从而缓解因植被破坏而带来的环境压力</td></tr>
</table>

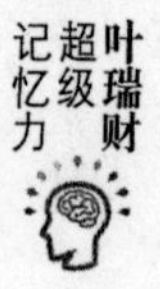

香港和澳门

香 港

香港位于广东省珠江中东侧，毗邻广东省深圳市。它是由香港岛、九龙和新界三部分及其周围200多个岛屿组成。人口约700万，其中中国血统居民占98％，祖籍广东省的最多。香港是重要转口港，居国际贸易有利位置。香港是世界上进出口船舶最多的商港之一，也是世界信息和金融中心之一。香港人多地狭，工业原料、燃料、副食品、淡水、建筑材料等大部分依靠进口，工业多属加工工业。香港是一个自由港。香港的旅游业也很发达。1997年7月1日香港已回归祖国，设立了香港特别行政区。

澳 门

澳门位于珠江口西岸，毗邻广东省珠海市，东隔珠江口同香港相望，它由澳门半岛和氹仔、路环两岛组成。人口40多万，其中中国血统居民占95%以上，祖籍也以广东省最多。旅游业是澳门的重要经济来源之一。1999年12月20日，我国对澳门恢复行使主权。

中国历史大事年表

政治		经济		文化	
先秦（远古~前211年）					
尧舜禹时期	实行禅让制	距今七八千年	中国原始农业已经相当发达	远古时代	《鹳鱼石斧图》
约公元前2070年	禹建立夏朝 夏启开始实行王位世袭制	商周时期	青铜器铸造进入繁荣时期	夏	《夏小正》制定
		西周	实行井田制	商	甲骨文成熟
公元前1046年	武王伐纣灭商，建立西周 西周实行分封制和宗法制	春秋末期	人们开始使用牛耕地，并已经能制造钢剑	春秋战国时期	百家争鸣局面形成 孔子 老子 韩非子 《诗经》屈原 司南《石氏星表》 《人物龙凤帛图》 《人物驭龙帛图》
公元前770年	周平王东迁洛邑，建立东周分封制和宗法制遭到破坏	战国时期	封建土地所有制以及法律形式确立，商鞅首倡"重农抑商"政策		
秦汉（公元前221年~220年）					
公元前221年	秦朝建立，中央集权制度形成	汉朝	推广耦犁 出现了代田法	西汉	董仲舒提出"罢黜百家，独尊儒术" 汉赋 司马相如 《氾胜之书》
汉初	郡县封国并存，丞相位高权重			东汉	蔡伦改造造纸术 《九章算术》成书 张仲景完成《伤寒杂病论》
汉朝	察举制实行				
魏晋南北朝（220年~589年）					
魏晋南北朝时期	九品中正制实行	北魏	实行均田制	东晋	汉字书法进入自觉阶段
		南北朝	使用灌钢法	北魏	王羲之完成《兰亭序》 顾恺之创作《女史箴图》、《洛神赋图》 贾思勰完成《齐民要术》

续表

政治		经济		文化	
隋唐（581年~907年）					
隋唐时期	三省六部制确立并完善	隋唐	出现了曲辕犁，创造筒车	隋朝	三教合一
隋炀帝时期	科举制形成			唐朝	诗歌繁荣：李白　杜甫　白居易 书法发展：欧阳询　颜真卿　柳公权　张旭　怀素
唐朝中期	地方设置节度使，藩镇割据局面形成				
五代、辽、宋、夏、金、元（907年~1368年）					
北宋初年	宋太祖加强中央集权的措施	宋朝	出现世界上最早的纸币 推广稻麦复种制 出现高专筒车 出现五大窑	北宋	理学兴起：程颢、程颐 毕昇发明活字印刷术 张择端《清明上河图》 词的兴起：苏轼、李清照
元朝	地方实行行省制度 中书省设立，代替三省			南宋	理学集大成者朱熹 陆九渊创立心学 陆游、辛弃疾
				元代	王祯完成《农书》 郭守敬完成《授时历》 元曲：关汉卿、马致远
明、清前期（1368年~1840年）					
1376年	明太祖废除行中书省，设立三司	明朝	丝织业进入鼎盛时期，苏州和杭州是著名的丝织业中心	明清	徐光启撰写《农政全书》 李时珍完成《本草纲目》 王阳明发展心学
1380年	明太祖废除宰相制度	明朝中后期	江南出现了资本主义萌芽	明末清初	李贽、黄宗羲、顾炎武、王夫之对理学的批判 明清小说《三国演义》、《水浒传》、《西游记》、《红楼梦》
明成祖时期	内阁出现	明清时期	徽商和晋商是最有实力的商帮		
清雍正帝时	军机处设置 君主专制中央集权制度发展到顶峰	清初	实行“闭关锁国”政策，阻碍了资本主义萌芽的滋长	清朝	京剧出现
1839年6月	虎门销烟				

续表

政治		经济		文化	
清后期（1840年~1912年）					
1840~1842年	鸦片战争	鸦片战争后	中国的自然经济开始解体，衣食住行和风俗习惯受到西方的影响	鸦片战争	林则徐组织编译《四洲志》
1842年	《南京条约》签订，中国开始沦为半殖民地半封建社会				
1851~1864年	太平天国运动	19世纪60至90年代	洋务运动兴起，以自强求富为旗号，刺激了中国资本主义的发展	1842年	魏源编撰《海国图志》
1856~1860年	第二次鸦片战争			19世纪五六十年代	洋务派提出“中体西用”
1894~1895年	中日甲午战争	19世纪80年代初	清政府修筑从唐山到胥各庄的铁路；外国开始在上海设立电话公司	19世纪六七十年代	早期维新派出现：王韬、郑观应
1900年	八国联军侵华			19世纪90年代初	维新变法的发展康有为、梁启超
1901年	《辛丑条约》签订，中国半殖民地半封建社会形成				
1905年	中国同盟会成立	1905年	中国人自己设置的电影《定军山》首映成功，中国电影开始起步	1905年	孙中山阐发“三民主义理论”
1911年	辛亥革命爆发	1909年	冯如制成中国的第一架飞机		
		1920年	中国开通首条北京—天津航线		
		1931年	有声电影《歌女红牡丹》拍摄成功		
		1935年	电影《渔光曲》在国际获奖		
中华民国（1912年~1949年）					
1912年	中华民国成立 《中华人民临时约法》颁布 宣统帝退位，清朝覆灭			1915年	陈独秀创办《青年杂志》新文化运动开始
1919年	“五四运动”爆发 新民主主义革命开始			1918年	李大钊发表《布尔什维主义的胜利》等文章，马克思主义开始传入中国
1921年7月	中国共产党成立				
1924年	国共两党第一次合作				
1925年7月	国民政府成立				

续表

政治		经济	文化	
1927年4月	蒋介石在上海发动反革命政变			
1927年7月	汪精卫发动反革命政变			
1927~1937年	国共两党对峙			
1927年8月	南昌起义			
1927年9月	毛泽东领导秋收起义		1924年	旧三民主义发展为新三民主义
1927年10月	井冈山革命根据地创立			
1931年	日本制造"九一八"事变			
1932年1月	日本制造"一·二八"事变			
1934~1936年	中国红军长征			
1935年1月	遵义会议召开			
1937~1945年	抗日战争			
1937年8~11月	淞沪会战			
1937年12月	南京大屠杀			
1940年下半年	百团大战			
1945年	重庆谈判，《双十协定》签署			
1946年	全面内战爆发			
1948年秋开始	辽沈、淮海、平津三大战役		1945年	中共"七大"确立毛泽东思想为中国共产党的指导思想
1949年1月	北平和平解放			
1949年4月	渡江战役国民政府覆灭新民主主义革命取得胜利			

续表

政治		经济		文化	
中华人民共和国（1949年~）					
1949年9月	《中国人民政治协商会议共同纲领》通过	1950年	中央政府制定《婚姻法》，实行婚姻自由和一夫一妻制	1956年	毛泽东发表《论十大关系》“双百”方针提出
1949年10月1日	中华人民共和国成立				
1953年	和平共处五项原则提出	1953年	中国开始实行第一个五年计划		
1954年	中国参加日内瓦会议 《中华人民共和国宪法》颁布				
1955年	中国参加万隆会议	1956年	中共召开八大，制定了正确的路线，同年，三大改造完成		
1966~1976年	“文化大革命”			1957年	毛泽东发表“关于正确处理人民内部矛盾问题”的讲话
1971年	中华人民共和国在联合国合法席位得到恢复			1964年	中国第一颗原子弹爆炸成功
1972年2月	尼克松访华			1965年	人工合成结晶牛胰岛素在中国首次实现
1972年秋	田中角荣访华			1970年	中国第一颗人造卫星发射成功
				1973年	袁隆平选育杂交水稻成功
				1977年	高考制度恢复
1979年	中美正式建立外交关系	1978年	十一届三中全会作出“把党的工作重点转移到社会主义现代化建设上来”的战略决策	1978年	中共十三大对邓小平理论做了系统概括

续表

政治		经济		文化	
20世纪80年代初	邓小平提出"一国两制"构想	1980年	深圳、珠海、汕头和厦门经济特区建立		
1984年	《中华人民共和国民族区域自治法》颁布	1984年	中央开始以城市为重点的经济体制改革		
1990年	海峡交流基金会和海峡两岸关系协会成立	1985年	国务院决定开辟沿海经济开放区		
		1990年	中央决定开放开发上海浦东		
1992年	"九二共识"	1992年	中共十四大提出建立社会主义市场经济体制		
1997年7月1日	香港回归祖国	1994年	中国正式接入互联网	1997年	中共十五大把邓小平理论作为党的指导思想写入党章
1999年12月20日	澳门回归祖国				
2001年	亚太经济合作组织第九次领导人非正式会议举行 上海合作组织成立	2001年	中国加入世界贸易组织	2002年	"三个代表"重要思想在中共十六大上确立为党的指导思想写入党章
2005年	中国国民党主席连战访问祖国大陆	2003年	上海开通了世界上第一条商业性磁悬浮列车线路	2003年	中国载人飞船成功返回地面

哲学原理及方法论

（辩证）唯物论

一、物质和意识的辩证关系原理

【原理内容】

1.物质决定意识，意识不过是客观事物在人脑中的反映。

2.意识对物质具有能动作用：

（1）意识能够正确反映客观事物；

（2）意识能够反作用于客观事物：正确的意识促进客观事物的发展，错误的意识阻碍客观事物的发展。

【方法论】

1.一切从实际出发。

2.重视意识的作用，重视精神的力量，树立正确的意识，克服错误的认识。

【应用范围】　应用这一原理，说明我国社会主义初级阶段的基本国情与党的指导思想、基本路线、方针、政策、工作计划之间的关系，即我国社会主义现代化建设必须立足于基本国情；说明社会主义既是物质的富有，也是精神的富有，是物质文明和精神文明的关系，说明社会主义市场经济必须加强精神文明建设；说明各地在发展经济，在制定政策时须从本地实际出发。

二、规律的客观性原理

【原理内容】 规律是事物运动过程中本身固有的本质的必然的联系。规律是客观的，它的存在和发生作用不以人的意识为转移，人们既不能创造规律，也不能改变或消灭规律，但人们可以认识和利用规律。

【方法论】 承认规律的客观性，按客观规律办事，做到解放思想和实事求是的统一。

【应用范围】 应用这一原理，说明我们在各项工程、宏观调控等工作中，要按规律办事，否则就会受到规律的惩罚；说明实事求是是邓小平理论的精髓和根本点，正是在实事求是的思想路线指引下，中国特色社会主义建设才取得了巨大成就。在改造自然的过程中，做到要改造自然，首先要服从自然；说明当前存在的环境问题是由于人们没有遵从客观规律的结果。

三、尊重客观规律和发挥主观能动性相结合的关系原理

【原理内容】

1.尊重客观规律离不开发挥主观能动性。

2.发挥主观能动性要以尊重客观规律为基础。

【方法论】 既要尊重客观规律，按客观规律办事，实事求是；又要充分发挥主观能动性，把尊重客观规律和发挥主观能动

性结合起来。

【应用范围】 应用这一原理，说明人类各项成功的活动都是尊重客观规律和发挥主观能动性的结合。如农业的发展、工业的发展、保护生态环境和消灭病虫害、防治SARS、宇宙飞船的成功发射、卫星的成功发射、科学上的探索发现、各种工程的兴建等等；说明在当前存在的各种问题是人们在发挥主观能动性没有遵守客观规律的结果。

（唯物）辩证法

联系的普遍性和客观性原理

【原理内容】 世界上的一切事物都处在普遍联系之中，没有孤立存在的事物，整个世界就是一个普遍联系的统一整体。事物的联系又是客观的，不以人的意识为转移，人们不能否认和割断事物之间的客观联系，也不能主观臆造联系。

【方法论】 要求我们坚持用联系的观点看问题，具体地分析事物之间的联系，根据事物的固有联系改变事物的状态（改变条件、创造条件），建立新的具体联系。

练 习

第一天

一、串联法练习。(注：记一次，复习一次，记录所需时间)

稻田—礼物—手袋—椰子—雪人—

炸药—电梯—肥皂—竹林—斑马—

牙刷—面条—喇叭—领带—戏院—

舞狮—筷子—信封—罐头—山顶— 时间：______

铁钉—字典—白板—茶壶—牙齿 成绩：______

二、串联法练习。

麻雀—风筝—工厂—西瓜—水井—

仙女—橙汁—皮包—灰尘—白旗—

抽屉—乌龟—保龄球—蜜蜂—公园—

牙膏—帆船—洋娃娃—黄金—洗澡— 时间：______

太阳—小狗—彩虹—年糕—小湖 成绩：______

三、读出以下代码的相对应数字。

连续练习三遍，记录每一遍的时间（注："鹅"念成02，"山"念成03，等等）。

二胡	牛	山	雨衣	石	山鸡	鹅儿	玉器	鲨鱼	鹦鹉
漆	石椅	珊瑚	三角	石山	司令	衣	一脚	恶灵	恶霸
耳机	一巴	妇女	尸	武林	食物	死牛	闪闪	石狮	沙子
鱼儿	山林	耙	二舅	舞	死囚	雨伞	死鹅	司机	鳄鱼
沙鸥	山路	和尚	恶狮	丝帕	鹅	二楼	鱼市	酒	衣纽

第一遍所用时间：________

第二遍所用时间：________

第三遍所用时间：________

四、读出以下数字的代码（01~05）。

每次连续练习三遍，并记录所需时间，一天内做三次练习，共九遍。

27	12	02	19	05	03	01	33	29	37
24	30	14	09	18	48	22	23	04	42
13	06	41	49	21	34	32	08	17	45
31	28	44	40	10	07	16	11	46	47
43	50	38	25	35	15	20	26	36	39

第一遍所用时间：__________

第二遍所用时间：__________

第三遍所用时间：__________

第二天

一、串联法练习。(注：记一次，复习一次，记录所需时间)

青蛙—头发—章鱼—围巾—照相机—

灯塔—排球—年糕—花瓶—牡丹—

额头—粉笔—吊床—影子—复印机—

煤—贝壳—女人—铁塔—热气球—

时间：________

成绩：________

二、串联法练习。

朋友—高尔夫球—钢琴—蜻蜓—肥皂—

保龄球—蝙蝠—摇篮—电饭锅—毛衣—

歌手—黑痣—西红柿—钥匙—游泳池—

大鼓—人造卫星—铜像—桌子—圆木

时间：________

成绩：________

三、读出以下代码的相对应数字。

连续练习三遍，记录每一遍的时间（注："鹅"念成02，"山"念成03，等等）。

山鸡	丝帕	鹦鹉	二胡	尸	死囚	鳄鱼	和尚	山林	鹅
雨衣	一脚	恶狮	山路	沙鸥	鱼市	山	司机	二舅	鱼儿
舞	二楼	雨伞	牛	恶灵	闪闪	一巴	妇女	酒	玉器
衣纽	食物	石狮	恶霸	沙子	石	鹅儿	耳机	珊瑚	石头
漆	三角	石椅	死牛	武林	死鹅	衣	司令	耙	鲨鱼

第一遍所用时间：__________

第二遍所用时间：__________

第三遍所用时间：__________

四、读出以下数字的代码（01~05）。

每次连续练习三遍，并记录所需时间，一天内做三次练习，共九遍。

33	47	01	16	25	19	34	09	38	20
05	13	18	29	11	42	50	45	07	32
28	49	14	06	43	04	35	26	10	15
36	02	30	21	46	08	40	17	22	24
03	41	39	27	31	12	44	37	48	23

第一遍所用时间：________

第二遍所用时间：________

第三遍所用时间：________

五、以1~20的代码记忆以下事物。

注：1.先复习1~20的代码。

2.由1~20记一遍，中途不复习。

3.记录所需时间。

1 船长	6 月亮	11 铁桶	16 盖子
2 森林	7 床单	12 放大镜	17 漫画
3 假牙	8 盆	13 变色龙	18 杂草
4 蚯蚓	9 厨房	14 演讲	19 拖把
5 集会	10 记者	15 麦克风	20 白云

第一遍所用时间：__________

第二遍所用时间：__________

第三遍所用时间：__________

第三天

一、以1~30的代码记忆以下事物。

注：1.先复习1~30的代码。

2.由1~30记一遍，中途不复习，记完1~30才复习一遍。

3.记录所需时间和成绩。

1 熊猫	11 辣椒	21 饼干
2 抽奖	12 吹风筒	22 心形
3 学校	13 绿豆	23 垃圾桶
4 老人	14 停车场	24 热狗
5 泡泡	15 女王	25 月台
6 口红	16 鸵鸟	26 窗帘
7 太极拳	17 万岁	27 面包
8 过山车	18 围裙	28 记事本
9 玻璃	19 磁带	29 雾
10 梳子	20 草堆	30 橙汁

时间：________

成绩：________

二、读出以下代码的相对应数字，练习三遍，记录时间。

山鸡	雨衣	沙鸥	一巴	耳机	雨伞	二舅
玉器	牛耳	山	司令	石椅	珊瑚	石山
山林	恶狮	死囚	武器	耙	溜溜	鱼市
衣	五虎	二胡	尸	绿屋	恶灵	榴莲
纽约	鹅	蜗牛	闪闪	沙子	虎儿	鳄鱼
石狮	衣纽	牛角	牛屎	尾巴	恶霸	武士
牛扒	麒麟	酒	武林	舞	五角	火山
武士	鲨鱼	三角	鱼儿	舞衣	牛	楼梯
和尚	食物	硫酸	死牛	丝帕	死鹅	漆
石头	妇女	鹦鹉	二楼	一脚	司机	山路

第一遍所用时间：__________

第二遍所用时间：__________

第三遍所用时间：__________

三、读出以下的数字代码（01~70）。

连续练习三遍，并记录所需时间，一天内做三次练习，共九遍。

17	55	12	20	28	31	16
35	25	03	13	14	69	30
56	36	37	08	05	22	62
46	63	67	45	39	40	60
68	02	26	57	21	50	41
91	47	19	27	58	15	70
65	66	48	04	49	43	51
54	10	53	38	61	52	23
01	18	09	64	32	06	59
24	44	34	33	07	29	42

第一遍所用时间：________

第二遍所用时间：________

第三遍所用时间：________

四、串联法。（注：只记一次，记录时间和成绩）

纸飞机—煎蛋—白雪公主—龙卷风—香水—

啄木鸟—饭盒—跳蚤—水井—心脏—

士兵—汽水—喇叭—乌龟—风向标—

螺丝钉—海豚—音乐会—火鸡—蘑菇

时间：________

成绩：________

第四天

一、以31~60的代码记忆以下事物。

注：1.先复习31—60的代码。

2.由31~60记一遍，中途不复习，记完31~60再复习一遍。

3.记录时间和成绩。

31 螃蟹	41 背心	51 护士
32 猜拳	42 火车	52 弹簧
33 玉米	43 降落伞	53 孔雀
34 狐狸	44 衣橱	54 雪人
35 书包	45 马达	55 地毯
36 吸尘器	46 海豚	56 小丑
37 科学家	47 悬崖	57 斧头
38 奶酪	48 药丸	58 香蕉
39 长颈鹿	49 汽艇	59 盐
40 松树	50 袋鼠	60 瀑布

时间：________

成绩：________

二、读出以下代码的相对应数字，练习三遍，记录时间。

鹦鹉	鲨鱼	山	雨衣	舞	石椅	纽约	耙	溜溜	恶灵
尸	鱼儿	和尚	石狮	衣	鹅儿	玉器	司机	一脚	石
鳄鱼	衣纽	牛扒	恶狮	沙子	二楼	沙鸥	五虎	食物	山林
榴莲	耳机	旧铃	二胡	珊瑚	武士	酒楼	纸扇	舞衣	司令
球衣	死鹅	球赛	白鹭	二舅	死牛	一巴	丝帕	酒席	机器
三角	虎儿	妇女	山路	恶霸	白旗	武器	舅舅	五角	鹅
漆	眼镜	硫酸	牛屎	绿屋	酒	楼梯	雨伞	酒吧	麒麟
巴黎	企鹅	火山	球儿	骑虎	骑牛	武林	爬山	气球	鲸鱼
白蚁	骑士	旗袍	巴士	白虎	酒师	蜗牛	爸爸	排球	闪闪
牛	拔河	石山	鱼市	酒壶	山鸡	死囚	牛角	尾巴	牛耳

第一遍所用时间：__________

第二遍所用时间：__________

第三遍所用时间：__________

三、读出以下的数字代码（01~99）。

连续练习三遍，并记录时间，一天内做三次练习，共九遍。

24	36	11	40	51	39	04	59	56	73
37	25	54	61	26	50	58	83	91	08
53	66	99	01	72	90	84	07	52	74
09	67	23	62	41	13	71	86	30	97
63	85	35	42	02	87	46	06	55	31
65	03	38	12	34	57	96	60	18	89
29	68	14	93	27	88	05	45	77	47
64	70	94	20	82	49	78	17	98	19
10	43	69	80	33	95	00	75	22	76
44	28	15	81	21	79	16	92	32	48

第一遍所用时间：__________

第二遍所用时间：__________

第三遍所用时间：__________

四、代替法练习。

把以下化学元素转化为代替字（不需要记）。

元素	代替字/词	元素	代替字/词	元素	代替字/词	元素	代替字/词
1氢	例子:氢气球	11钠		21钪		31镓	
2氦	例子:孩子	12镁		22钛		32锗	
3锂		13铝		23钒		33砷	
4铍		14硅		24铬		34硒	
5硼		15磷		25锰		35溴	
6碳		16硫		26铁		36氪	
7氮		17氯		27钴		37铷	
8氧		18氩		28镍		38锶	
9氟		19钾		29铜		39钇	
10氖		20钙		30锌		40锆	

第五天

一、以61~99的代码记忆以下事物。

注：1.先复习61—99的代码。

2.由61~99记一遍，中途不复习，记完61~99才复习一遍。

3.记录时间和成绩。

61 制服	71 棉花棒	81 人行天桥	91 马
62 竖琴	72 安全帽	82 教堂	92 菊花
63 图书馆	73 辫子	83 苍蝇拍	93 夕阳
64 显微镜	74 丑八怪	84 太阳伞	94 珍珠
65 滑雪	75 风车	85 手表	95 眉毛
66 冰山	76 铁轨	86 跳远	96 西洋剑
67 冲浪	77 日光灯	87 手推车	97 火箭
68 锅	78 纸袋	88 秘书	98 牛奶
69 箭头	79 牧师	89 辞典	99 袜子
70 棒棒糖	80 粥	90 磁铁	

时间：________

成绩：________

二、读出以下数字的代码（00~99）。

连续练习三遍，并记录时间，一天内做三次练习，共九遍。

10	22	41	06	39	11	32	54	21	44
63	42	00	57	68	73	31	55	20	36
43	23	01	56	02	64	77	16	80	19
62	85	53	71	37	12	30	49	74	81
24	52	90	82	40	03	45	76	65	18
86	25	51	04	38	13	61	75	35	33
69	72	84	05	29	93	60	91	34	78
09	26	83	67	28	59	88	15	79	94
87	98	47	08	95	14	50	89	97	48
96	27	07	99	58	66	46	92	17	70

第一遍所用时间：__________

第二遍所用时间：__________

第三遍所用时间：__________

三、代替法。

以数字代码法（用多少个代码由自己决定）加上代替法记忆泰国首都曼谷的全称译音。（共40字）

共台甫马哈那坤他哇劳秋希阿由他亚马哈底路

浦改劝辣塔尼布黎隆乌冬帕拉查尼卫马哈洒坦

写下答案：____________________

四、用串联法记忆以下日期。

火药传入欧洲	——	1250年
到达南极点	——	1911年
发现病毒	——	1892年
发现血型	——	1901年
使用麻药	——	200年
发现土星环	——	1655年
发现维生素A	——	1915年
发掘出瓜哇猿人化石	——	1891年
发现天王星	——	1781年
马可波罗到中国旅行	——	1271—1295年

测 试（写下答案）

发现天王星		火药传入欧洲	
发现病毒		到达南极点	
发现血型		马可波罗到中国旅行	
发现维生素A		使用麻药	
发掘出瓜哇猿人化石		发现土星环	

第六天

一、以01~20的代码记忆以下短句，记一遍，重复一遍，然后检查答案。

01 一株小草
02 一点点阳光雨露
03 幸福美好
04 靠在岸边
05 江里的浪很大
06 眼泪不停地流着
07 大雪纷纷扬扬
08 生活能力
09 大文学家
10 猎狗跑在前面
11 慢慢向后退
12 全身的羽毛
13 强大的力量
14 收拾得干干净净
15 产生一个念头
16 降落在草地上
17 伸了伸懒腰
18 大陆漂移
19 满不在乎
20 战士们从屋里涌出

时间：________

成绩：________

二、试根据数字代码找地点，每组10个地点，写或画出10个地点。

01=衣（提示：服装店，曾买过衣服的商场）

1		6	
2		7	
3		8	
4		9	
5		10	

02=鹅（提示：曾看到过有鹅的地方，吃过烧鹅的地方，有池塘的地方等）

1		6	
2		7	
3		8	
4		9	
5		10	

三、根据以上20个地点记忆以下数字，记两遍，记录时间和成绩。

1	19	6	21	11	04	16	28
2	25	7	07	12	24	17	30
3	37	8	33	13	48	18	18
4	42	9	45	14	32	19	39
5	50	10	26	15	17	20	40

时间：________

成绩：________

第七天

一、试以01~10的代码记忆以下句子，记两遍后，强化忘记部分，默念一遍，背诵一遍。

01　大型的宽银幕上

02　一枚巨大的火箭拔地而起

03　尾部喷射着炽烈的火焰

04　扶摇直上蓝天

05　十几秒钟以后

06　垂直上升的火箭开始拐弯

07　宛如一条白龙在长空飞行

08　约莫过了十来分钟

09　卫星脱离火箭

10　循着一定的轨道环绕地球旋转

时间：________

成绩：________

二、试根据数字代码找地点，每组10个地点，写或画出10个地点。

03=山（提示：1. 你去的一座山，包括凉亭:一个凉亭可找到5个地点，包括路的两边；2. 想象中的山和沿途风景）

1		6	
2		7	
3		8	
4		9	
5		10	

04=尸（提示：医院，曾有人去世的家，僵尸的身体部位）

1		6	
2		7	
3		8	
4		9	
5		10	

三、试用以上的地点或部位记忆以下数字。

1	78	6	54	11	74	16	81
2	22	7	31	12	17	17	79
3	96	8	23	13	36	18	20
4	34	9	43	14	49	19	55
5	87	10	98	15	63	20	61

时间：________

成绩：________

第八天

一、试以01组（衣），02组（鹅）的地点记忆以下句子。

画上线的字为线索字，要看到影像，再用串联法联其他字。

1. 渔夫的妻子桑娜坐在火炉旁
2. 补一张破帆

3. 屋外寒风呼啸

4. 汹涌澎湃的海浪拍击着海岸

5. 溅起一阵阵浪花

6. 海上正起着风暴

7. 外面又黑又冷

8. 渔家的小屋里却温暖舒适

9. 地扫得干干净净

10. 炉子里的火还没有熄

11. 餐具在搁板上闪闪发亮

12. 挂着的白色帐子的床上

13. 五个孩子正在海风呼啸声中

14. 安静地睡着

15. 丈夫清早驾着小船出海，这时候还没有回来

16. 桑娜听着波涛的轰鸣和狂风的怒吼

17. 感到心惊肉跳

二、试用03组（山）和04组（尸）记忆以下40个数字，并记录时间。

3721300034257588371264912098046914733241 8

时间：________

成绩：________

三、试根据数字代码找地点，每组10个地点。

05=舞（提示：跳舞的地方，你看到过别人跳舞的地方，学校舞台，体操舞的地方，等）

1		6	
2		7	
3		8	
4		9	
5		10	

06=牛（提示：养牛的地方，你吃过牛肉的地方，卖牛肉的地方，或某农场，有“牛”字招牌的）

1		6	
2		7	
3		8	
4		9	
5		10	

四、试用以上的地点记忆以下人名，并记录时间和成绩。

1	魏特曼	6	哈巴	11	克莱	16	伊葛
2	本兹	7	博拉克	12	马乌拉	17	布拉顿
3	邓禄	8	贝德	13	麦曼	18	库连
4	鲁米埃	9	利埃思	14	江崎	19	胡克
5	马可尼	10	斯特	15	比洛	20	迪亚士

时间：________

成绩：________

第九天

一、试用03组（山），04组（尸）的地点记忆以下资料，画线的字为线索字。

1. 鲁迅原名周树人
2. 字豫才
3. 浙江绍兴人
4. 1918年5月
5. 首次用“鲁迅”作笔名
6. 发表中国现代文学史上第一篇白话小说《狂人日记》
7. 他一生创作和翻译了很多作品
8. 如《呐喊》
9. 《彷徨》
10.《故事新编》
11.《野草》
12.《朝花夕拾》
13.《坟》
14.《热风》

15.《华盖集》

16.鲁迅以笔为武器，战斗了一生，

17.被誉为“民族魂”。

18.毛泽东评价他是伟大的文学家

19.思想家和革命家

20.是中国文化的主将

二、试用05组（舞）和06组（牛）的地点记忆以下40个数字，并记录成绩和时间。

3524647258001742924548203715852439910383

时间：________

成绩：________

三、以最快的速度默念以下数字代码，并记录时间。

19	33	20	61	40	10	28	48	07	29
26	65	02	25	76	49	98	82	30	79
64	77	41	84	96	21	38	06	47	55
94	01	52	34	50	67	43	68	15	39
42	93	13	97	03	27	86	81	69	63
04	32	92	60	89	95	62	14	22	78
83	58	44	99	35	73	05	72	80	23
12	74	85	51	66	11	00	18	56	71
75	45	87	24	90	88	54	53	91	08
31	16	59	09	36	70	17	37	57	46

第一遍所用时间：________

第二遍所用时间：________

第三遍所用时间：________

计分方法：61~90秒（良）

少于60秒 （优）

注：以上练习可连续做数次。每天练习数次，直到能在60秒内完成。

第十天

一、试用地点法记忆以下国家名称（20个）。

1　中　国	11　阿根廷
2　意大利	12　英　国
3　肯尼亚	13　智　利
4　挪　威	14　冰　岛
5　秘　鲁	15　印　度
6　俄罗斯	16　摩洛哥
7　土耳其	17　尼泊尔
8　巴拉圭	18　西班牙
9　马　里	19　斯里兰卡
10　巴　西	20　加　纳

二、试用代码法记忆二十四孝。

1 孝感动天	9 埋儿奉母	17 恣蚊饱血
2 亲尝汤药	10 涌泉跃鲤	18 卧冰求鲤
3 啮指痛心	11 拾葚异器	19 扼虎救父
4 芦衣顺母	12 刻木事亲	20 哭竹生笋
5 百里负米	13 怀橘遗亲	21 尝粪忧心
6 鹿乳奉亲	14 行佣供母	22 乳姑不怠
7 戏彩娱亲	15 扇枕温衾	23 弃官寻母
8 卖身葬父	16 闻雷泣墓	24 涤亲溺器

三、以地点法记忆以下数字（60个），并记录时间。

324852964721083304925095947214

334284859337296404842103942483

计分方法：3~4分钟（及格）

2~3分钟（优）

2分钟以内（特优）

1分钟以内（可考虑参加世界记忆比赛）

时间：________

成绩：________

第十一天

一、以地点法记忆以下两首词。

天净沙·秋
〔元〕白　朴
1.孤村落日残霞，
2.轻烟老树寒鸦，
3.一点飞鸿影下。
4.青山绿水，
5.白草红叶黄花。

西江月·夜行黄沙道中
〔宋〕辛弃疾
1.明月别枝惊鹊，
2.清风半夜鸣蝉。
3.稻花香里说丰年，
4.听取蛙声一片。
5.七八个星天外，
6.两三点雨山前。
7.旧时茅店社林边，
8.路转溪桥忽见。

二、以地点法记忆以下数字（60个），并记录时间。

932845936871470295943391947265

429472038342714508844904721374

计分方法：3~4分钟（及格）

2~3分钟（优）

2分钟以内（特优）

1分钟以内（可考虑参加世界记忆比赛）

时间：________

成绩：________

第十二天

一、以地点法记忆以下古文。

阿房宫赋
〔唐〕杜　牧
1．六王毕，

2. 四海一，
3. 蜀山兀，
4. 阿房出。
5. 覆压三百余里，
6. 隔离天日。
7. 骊山北构而西折，
8. 直走咸阳。
9. 二川溶溶，流入宫墙。
10. 五步一楼，十步一阁；
11. 廊腰缦回，
12. 檐牙高啄；
13. 各抱地势，
14. 钩心斗角。
15. 盘盘焉，囷囷焉，
16. 蜂房水涡，
17. 矗不知其几千万落。
18. 长桥卧波，
19. 未云何龙？
20. 复道行空，
21. 不霁何虹？

22. 高低冥迷，
23. 不知西东。
24. 歌台暖响，
25. 春光融融。

二、以地点法记忆以下文章。

荷塘月色（节选）

朱自清

月光如流水一般，静静地泻在这一片叶子和花上。薄薄的青雾浮起在荷塘里。叶子和花仿佛在牛乳中洗过一样；又像笼着轻纱的梦。虽然是满月，天上却有一层淡淡的云，所以不能朗照；但我以为这恰是到了好处——酣眠固不可少，小睡也别有风味的。月光是隔了树照过来的，高处丛生的灌木，落下参差的斑驳的黑影，峭楞楞如鬼一般；弯弯的杨柳的稀疏的倩影，却又像是画在荷叶上。塘中的月色并不均匀；但光与影有着和谐的旋律，如梵婀玲上奏着的名曲。